“十四五”普通高等教育本科部委级规划教材

服装表演策划与编导教程

张欣欣　编著

中国纺织出版社有限公司

内 容 提 要

本书将服装表演策划与编导作为主体内容，分别从服装表演策划、服装表演编导、模特的化妆造型、表演的饰品与道具运用、舞台美术设计、表演编排等方面，融入大量的教学实践案例，综合多维地激发和开拓表演专业学生的审美意识、思维眼界和实操能力。

本书可作为高等院校、职业院校服装表演相关专业的课程教材，也可作为时尚爱好者的学习参考书籍。

图书在版编目（CIP）数据

服装表演策划与编导教程 / 张欣欣编著 . -- 北京：中国纺织出版社有限公司，2023.12

“十四五”普通高等教育本科部委级规划教材

ISBN 978-7-5229-1289-9

Ⅰ. ①服… Ⅱ. ①张… Ⅲ. ①服装表演－高等学校－教材 Ⅳ. ①TS942

中国国家版本馆 CIP 数据核字（2023）第 249858 号

责任编辑：孙成成　　责任校对：寇晨晨　　责任印制：王艳丽

中国纺织出版社有限公司出版发行

地址：北京市朝阳区百子湾东里 A407 号楼　邮政编码：100124

销售电话：010—67004422　传真：010—87155801

http://www.c-textilep.com

中国纺织出版社天猫旗舰店

官方微博 http://weibo.com/2119887771

北京通天印刷有限责任公司印刷　各地新华书店经销

2023 年 12 月第 1 版第 1 次印刷

开本：787×1092　1/16　印张：9

字数：200 千字　定价：69.80 元

本书的写作动力源于笔者在时尚行业多年来的深入探索与实践经验，以及对服装表演策划和编导艺术的浓厚感情。

《服装表演策划与编导教程》是一本旨在为服装表演专业学生提供全面、系统、实用的理论知识和实践技能的教材。本书内容涵盖了服装表演策划、编导、设计、制作、执行等多个方面，旨在帮助学生全面掌握服装表演策划与编导的基本理论和实践技能，提高学生的创新能力和实践能力。

本书的编写以实践为主、理论为辅，注重培养学生的实践能力和创新思维。书中不仅介绍了服装表演策划与编导的基本理论和实践技能，还提供了大量的案例分析和实践指导，帮助学生更好地理解和掌握相关知识和技能。

本书为读者提供一个全面的视角，探赜服装表演背后所涉及的策划与编导的精妙之处。希望通过本书的学习，学生能够更好地掌握服装表演策划与编导的基本理论和实践技能，为今后的职业发展打下坚实的基础。

不仅如此，笔者还分享了一些权威专家的见解和经验，他们在时尚界的舞台上追求卓越，勇于出新，敢于创新，这些珍贵的资源将为您提供更多学习和启发的机会，帮助您在服装表演策划与编导的道路上迈出更坚实的步伐。

《礼记·学记》曰："善学者，师逸而功倍，又从而庸之；不善学者，师勤而功半，又从而怨之。"笔者衷心希望本书能够拓宽您的视野、点燃您的热情，成为您在时装舞台上探索艺术之旅的引路人。再次感谢您的阅读，愿您能从中获得启示和无尽的乐趣。

由于本书编纂时间仓促，错漏之处难免，敬请广大读者海涵，并望不吝赐教。本书部分插图来自网络，鉴于无法寻找原作者，特此说明，日后若有原创者存疑，还望及时与笔者联络，在此深表感谢。

张欣欣

2023年9月于吉林

目
录
contents

第四章　表演的饰品与道具运用

第五章　舞台美术设计

第六章　表演编排

第一章

服装表演策划

PART 1

服装表演策划是时尚界不可或缺的一部分，它在设计师的构思和客户的欣赏之间架起了一座桥梁，规划并搭建了一个展示时尚设计的舞台。售卖的不仅仅是服装，更是一种生活理想，一种文化，一种艺术。

服装表演策划的重要性主要体现在以下几个方面。首先，它能够充分地展示设计师的设计理念和服装特性，在富有艺术性的表演场景中，观众可以直观地感受到设计师的巧妙构思和新品的设计精髓。其次，策划的过程对提升品牌形象、塑造品牌个性化风格起到至关重要的作用，让品牌在众多竞争对手中脱颖而出。最后，一场成功的服装表演策划也可以吸引媒体关注，拉近品牌与消费者的距离，进而提升销售业绩（图1-1）。

图1-1　2024春夏系列新品发布会——朋克1279

在时尚界，服装表演策划不单纯是一种商品销售的推广工具，更像是一种创造性的艺术活动。它创造了一种全新的视觉体验，将服装与音乐、灯光、模特等结合，让服装变得有生命、有故事。这种创新的方式将吸引人们的目光，让人们记住这个品牌，产生购买欲望。

总的来说，服装表演策划以其创造性和艺术性，在时尚界扮演着重要角色，既是时尚设计和消费者之间的桥梁，也是品牌建立自我形象、提升知名度的重要途径。同时，服装表演策划也是一个调动人们的感官体验、引起人们的购买欲望的过程，为时尚品牌创造了巨大的商业价值。

第一节 时尚与表演的完美结合

服装表演是一种能够将时尚和表演艺术相结合的独特形式。通过精心设计的服装和个性化的演绎手法，表演者能够用时尚的语言讲述故事、传达情感，并展示出视觉上的审美享受。接下来将探讨服装表演的艺术性，时尚与表演的相互影响，以及艺术性与商业性的平衡。

一、服装表演的艺术性

服装表演的艺术性在于将服装设计与表演艺术相结合，创造出一种独特而富有表现力的艺术形式。设计师通过创意的服装设计，将时尚元素和舞台表现力很好地结合在一起，以突出服装的美感。表演者以个人演绎的方式，通过舞蹈、姿势和表情赋予服装生命，产生一种视觉与情感的冲击力。服装表演的艺术性在于它能够引发观众的情感共鸣，并给人们带来独特的审美体验（图1-2）。

图1-2 香奈儿（Chanel）沙滩发布会

二、时尚与表演的相互影响

时尚和表演是两个相互依存、相互促进的领域，彼此存在着紧密的联系。时尚不仅是服装的设计与搭配，还是一种身份和文化的表达方式。表演者在服装表演中，借助时尚元素传达自己的理念、思想和情感。同时，表演者的舞台表演也会对时尚产生深远的影响。他们能够通过对服装的穿着和演绎，引领时尚的发展潮流，推动设计师不断创造出新的作品（图1–3）。

图1–3 “潮·鼓楼”时装秀

三、艺术性与商业性的平衡

服装表演作为一种艺术形式，不可避免地受到商业性的影响。商业性的要求可能会导致设计师在创作过程中受到限制，追求市场热门的风格和色彩。然而，艺术性的表达在服装表演中同样重要。只有通过艺术性的展现，服装表演才能与观众产生共鸣，实现审美共享。因此，设计师和表演者需要在艺术性与商业性之间找到平衡，创作出既能满足市场需求又能充分展现艺术价值的作品（图1–4、图1–5）。

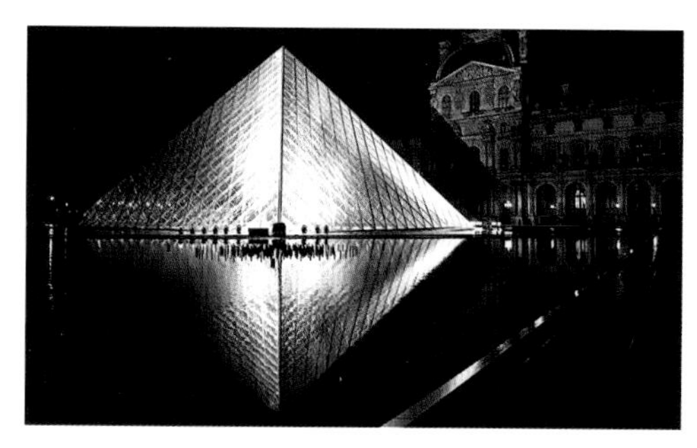

图1–4 路易·威登品牌在法国巴黎举办的卢浮宫发布会1

图1–5 路易·威登品牌在法国巴黎举办的卢浮宫发布会2

服装表演作为时尚和表演艺术的完美结合，展现出了别具一格的艺术性和创造力。它通过设计师的创新和表演者的演绎，生动地诠释了时尚与表演之间独特的关系。无论是观众还是从业者，都能通过服装表演的魅力，感受到时尚与表演带来的美学享受和情感沟通（图1–6）。

图1–6 路易·威登品牌在法国巴黎举办的卢浮宫发布会3

第二节 服装表演编排

服装表演编排是指计划和组织一场服装表演活动的过程。它涉及选择适当的服装、配饰和道具，安排表演节目的顺序和流程，以及确定舞台布置、音乐、灯光等视觉和听觉效果。服装表演编排的目的是通过视觉和表演的方式，将一个主题或概念呈现给观众，引起他们的兴趣和共鸣。

一、服装表演编排的原则

一场成功的服装表演，应该通过认真策划与组织，充分体现出独特性、创意性，增强吸引力，给观众留下深刻的印象。

（一）目标性原则

1. 确定目标受众

根据表演的内容、风格和主题，确定主要的观众群体。如果服装表演面向时尚行业专业人士，目标受众可能包括设计师、买手、媒体和时尚博主。通过确定目标受众，可以为编排团队提供指导，以确保表演的视觉效果、服装选择和整体呈现方式符合目标受众的喜好和期望。

2. 明确传达信息

服装表演不仅是展示时装作品，而是将设计师的创意、主题、品牌故事等信息传达给观众。策划团队应该明确所要传达的信息，并确保整个表演过程中，在时装设计、舞台布置、音乐选择和灯光效果等方面，都能有效地呈现和强调这些信息。

3. 确定创作团队和资源需求

为了实现服装表演编排的目标，编排团队需要明确创作团队的成员，包括时装设计师、模特、化妆师、摄影师等，并确保所需资源，如服装、道具、舞台设备等的可用性和质量。

4. 确立评估标准和成功指标

在编排过程中，需要建立一套评估标准和成功指标，用于衡量表演的效果和达成的目标。例如，可以通过观众反馈、媒体报道、社交媒体影响等指标来评估表演的成功程度，以及是否实现了预定的目标。

一场成功的服装表演编排应该有明确的目标，通过确定目标受众、明确传达信息、确定创作团队和资源需求，以及确立评估标准和成功指标，来确保表演的效果和达到的目标。

（二）整合性原则

服装表演编排的整合性原则是指在编排和组织一场服装表演时，要将各个环节和要素有机地结合在一起，形成一个完整而有内在联系的整体。

1. 创意与主题整合

服装表演的创意和主题是整个活动的核心，应该与服装设计、音乐、舞台设计等各个方面相互呼应和配合，使整个表演呈现一个统一、有逻辑的故事或概念（图1-7）。

图1-7　路易·威登品牌在法国巴黎举办的卢浮宫发布会4

2. 服装与舞台整合

服装设计要与舞台设计相协调，服装的颜色、构造和材质应适应舞台的灯光和背景效果，使服装在舞台上能够展现其独特的美感和艺术效果。

千年断桥成为时尚T型台——2019年举办的断桥时装秀迎来全新升级。“国宝联萌”明星跨界合作、知名品牌新品首发、原创设计精彩纷呈……这些亮点赋予了这场“Z世代”时装秀独一无二的标签。作为淘宝造物节的重头戏之一，断桥时装秀为杭州再添“时尚之都”的宣传元素。参与断桥时装秀的设计师之一、粒子狂热（Particle Fever）创意总监林海说，之所以将全球首发选择在断桥时装秀，是因为淘宝造物节和断桥时装秀把不同领域、不同风格的品牌聚集在这里，带来了更多元的声音，这也是“Z世代”时尚最重要的展示区。除了“最潮流”，断桥时装秀还有“最古典”。在大秀的第三篇章，长城、西湖、敦煌、兵马俑和火箭五大国宝IP悉数登台，通过设计师的创意，国宝们以不同的形态出现在时装中，在千年断桥上展示东方美学的魅力（图1-8、图1-9）。

图1-8 断桥时装秀——国宝元素演绎东方美学独特魅力1

图1-9 断桥时装秀——国宝元素演绎东方美学独特魅力2

3. *表演与音乐整合*

音乐是服装表演的重要组成部分，要与服装设计和表演展示相互配合，形成一个和谐的整体。音乐的节奏和情感要与服装表演的时序和情感相契合，增强表演的感染力。

古驰（Gucci）发布会在剧院昏暗的灯光中拉开帷幕，米歇尔（Michele）以意大利前卫戏剧的重要代表——里奥（Leo de Berardinis）与佩拉（Perla Peragallo）为灵感，将那个时代的地下文化融入服装设计，展现在观众面前。在现场悠扬的美声唱法中，模特们从剧场看台两侧的台阶上依次走出，最终在舞台上汇聚，像是一场盛大的戏剧演出（图1-10）。

图1-10 巴黎著名的皇宫剧院古驰发布会

4. 视觉与听觉整合

服装表演是一场视听盛宴，要通过服装设计、表演展示、音乐和舞台布置等手段，使观众的视觉和听觉同时得到满足，引发观众的共鸣和情感体验。

5. 人与环境整合

服装表演是一种群体艺术，要整合参与表演的模特之间的合作与配合，使每位模特的才能和特长得到充分发挥。同时，要注意与场地、观众和社会环境相协调，创造良好的演出效果和氛围。例如，秀场被打造成了一个浅水滩，棕榈树灯饰在两侧一字排开。模特们身着性感华服踏水而至，与浪漫的埃菲尔铁塔美景交相辉映，令人陶醉其中。这已经是圣罗兰（Saint Laurent）第三次以埃菲尔铁塔为背景办秀了，设计师安东尼·瓦卡莱洛（Anthony Vaccarello）用将近100套造型来致敬伊夫·圣·罗兰（Yves Saint Laurent）以及他心目中的巴黎（图1-11～图1-13）。

图1-11 埃菲尔铁塔圣罗兰发布会1

图1-12　埃菲尔铁塔圣罗兰发布会2

图1-13　埃菲尔铁塔圣罗兰发布会3

服装表演编排的整合性原则是将创意、主题、服装设计、舞台布置、音乐、表演展示、视听效果、模特合作等各个方面有机地结合在一起，形成一个完整而有内在联系的整体。只有各个环节和要素相互配合和协调，才能使服装表演达到最佳效果。

（三）可操作性原则

1. 实施性

服装表演的编排需要考虑到实施性，包括舞台设计、服装设计、化妆造型、道具准备等方面，要确保计划中的各项内容在实际操作过程中能够顺利实施。如果编排提出的想法过于复杂或无法在资金预算和时间限制内完成，将会影响到表演的质量和效果。

2. 可控性

编排需要考虑到各个环节的可控性，包括服装、道具和场景的制作、模特的排练、舞台的设计等。要确保所有环节都有明确的控制措施和预案，避免出现紧急情况发生时无法及时解决的现象，保证表演顺利进行。

3. 资源利用效率

编排需要充分考虑资源的合理利用，包括人力、物力、财力等方面的配置。通过合理安排和利用资源，可以降低成本，提高效率，实现更好的表演效果。

4. 创意发挥空间

编排的可操作性可以为创意的发挥提供更大的空间。只有在实际操作中能够有效地实现，才能真正体现创意的独特性和创新性。可操作性的考虑有助于编排者将创意转化为实际可行的方案，将想法变为实际成果。

服装表演编排的可操作性的重要性不容忽视。只有考虑到编排的实施性、可控性、资源利用效率和创意发挥空间，才能确保表演顺利进行，达到预期的效果。

二、服装表演编排的主要内容

服装表演编排内容应丰富多彩，只有这样才能把整个演出完整清晰地展示出来，赢得主办方的认可，确保服装表演顺利进行。

（一）表演主题

服装表演的主题是核心部分。确定表演主题是一场服装表演最重要的任务，只有确定了表演主题，一场服装表演才有了灵魂。主题确定意味着音乐、表演、设计乃至整台表演的风格都已定位。

表演主题的确定。一场服装表演的主题应由设计师、企业或编导确定，主题是该场服装表演的核心思想，可根据企业文化或设计师设计服装的灵感来确定。富有寓意的主题会强化服装表演的审美价值，对观众产生强大的吸引力，引起观众的共鸣，让观众记忆犹新。

近年来，中国国际时装周涌现了一批新生代设计师，而且秀场设计随着科技发展而持续迭代。优越的场地条件、先进的声光电技术为时装品牌提供了更多的创意想象空间，设计的概念、质感、美感可在这些创意秀场上最大化呈现。

例如，盖娅传说（Heaven Gaia）主题“乾坤·方仪”，主要表达设计师脑海中的世界：上古宇宙洪荒之气，载着万千年的风，大地之母造化了万物，清泉和鸣，山川异域，菩提树下，嫩芽飞絮，春秋轮回……在秀场中逐一呈现，真实构建的花草树木、流水云雾、苔藓，随处可见真实鲜活的孔雀、小兔子、蝴蝶，俨然一个袖里乾坤（图1–14、图1–15）。

图1–16、图1–17以“硬糖派对”为主题，展现“Z世代”年轻族群特立独行的自我主张，以“华丽复古”的“混搭”设计来对抗生活中的焦虑之情，神秘暗黑中带有新锐迷幻的电子感。秀场以银光闪闪的华丽镭射幕布象征糖纸，在缤纷多彩的色块和科技感十足的LED灯装饰下，充满了年轻人派对的狂欢氛围。

设计师杨紫琪的灵感来源于现实生活，大多数人的人生都会有一座属于自己的“囚笼”。我们想要寻求灵魂的自由，却又碍于现实的束缚，为实现内心的自由，只能努力打破“囚笼”。秀场以具象的囚笼装置和颇具行为艺术感的走秀风格，直接鲜明地展示了设计主题，且融入了哲学意味（图1–18、图1–19）。

图1–14 主题：乾坤·方仪1（设计师：熊英）

图1-15　主题:乾坤·方仪2（设计师:熊英）

图1-16　主题:硬糖派对，展现“Z世代”年轻族群特立独行的自我主张1

图1-17 主题:硬糖派对，展现“Z世代”年轻族群特立独行的自我主张2

图1-18 主题:囚1（设计师:杨紫琪）

图1-19 主题:囚2（设计师:杨紫琪）

（二）表演目的

在进行服装表演编排前，编排者首先要明确本场演出的目的——品牌发布会、服装设计大赛、娱乐性演出等。这就要求编排者根据不同的目的确定演出类型，并对演出提出一些特别的要求。

1. 服装流行趋势发布

服装流行趋势发布是指在每个流行期内，由服装研究部门征集服装设计师的最新作品，以服装表演发布会的形式公布于众。发布会每年进行两次，一次是春季发布的当年秋冬款的时装发布会；另一次是秋季发布的下一年春夏款的时装发布会。除此之外，还有国际时装周在巴黎、伦敦、米兰、纽约等城市举办的时装发布会，知名度都很高，其中巴黎的时装发布对国际时装流行趋势最具有指导意义。每年的中国国际时装周流行趋势发布会可分为设计师专场与公司品牌专场（图1–20）。

图1–20　2019流行色：活力珊瑚橙

服装流行趋势发布是正规的服装表演。通过发布会的形式为新流行趋势制造舆论，也可以供成衣商选择流行的款式进行再设计，形成新的趋势。

2. 商品展示

通过商品展示，商家可以有效地推广产品、提升品牌形象，并与消费者建立更紧密的联系，为商品销售和品牌发展提供支持（促销类服装表演）。

商品展示可以分为两种情况。一种是成衣工厂会向市场发布新产品并进行宣传，以促进产品的销售为主；另一种是商场会定期展示正在销售或即将上市的服装，并通过服装表演的方式吸引更多顾客购买商品。无论是哪种情况，通过将服装穿在模特身上展示，都可以更好地展示服装的精美之处（图1–21）。

图1–21　上海港汇恒隆广场

3. 服装设计大赛

服装设计大赛是一种面向服装设计师和爱好者的竞赛活动，旨在展示和推广优秀的服装设计作品，并为参赛者提供一个交流与展示自己才华的平台。

（1）促进创新。通过竞赛的形式，鼓励参赛者展现他们的创造力和独特的设计思路，推动服装设计领域的创新和发展。

（2）发现和培养人才。服装设计大赛为年轻设计师提供了一个展示自己的才华和技能的机会，有助于发现和培养新的设计人才，并为他们开辟就业和发展的机会。

（3）促进行业发展。通过比赛的举办，可以加强各方在服装设计领域的合作，推动行业内的交流与合作，促进行业的全面发展。

（4）宣传品牌和产品。服装设计大赛可以吸引媒体和公众的关注，提高品牌的知名度和美誉度，同时为参赛者提供了宣传和推广设计作品的机会。

（5）推动时尚潮流。服装设计大赛在一定程度上起到引领时尚潮流的作用，优秀的设计作品可以成为时尚界的新宠，并影响未来的服装设计趋势（图1-22）。

通过服装设计大赛，设计师可以展示自己的才华和创意，企业可以发掘新的设计人才，消费者可以感受到新的时尚元素，从而共同推动服装设计领域的发展。

4. 服装模特大赛

服装模特大赛是一种服装展示竞赛方式，可评选出最具表现力和吸引力的模特。

服装模特大赛主要目的是培养和搜寻新模特。服装模特大赛可以根据不同的级别分为世界级、国家级、地区级等不同层次，目的是评选出模特界的新人。通过参与比赛，年轻的模特可以展示自己的潜力和才华，获得更多的机会和资源，进一步拓展自身的职业生涯。根据比赛的层次不同，内容也会有所差异。一般来说，服装模特大赛的内容主要涵盖体态条件、感知力和表现力三个方面。比赛过程一般分为预赛、决赛和总决赛三个阶段（图1-23）。

图1-22　2019“裘都杯”中国裘皮服装创意设计大赛总决赛及颁奖典礼

图1-23　第二十一届中国职业模特大赛总决赛

5. 文化娱乐性演出

文化娱乐性演出是指以艺术形式和娱乐性质为主要目的的表演活动，通常在舞台或特定场地进行。它涵盖了不同类型的表演，包括戏剧表演、音乐表演、舞蹈表演等表演形式。针对服装表演的演出分为以下几种类型。

（1）学术交流。学术交流经常通过服装表演来促进服装文化的交流，推动设计水平的提高。例如，某地举办服装节时，来自不同国家和地区的服装表演队会带着本地流行的服装或某位设计大师的作品参加表演，以达到相互交流的目的。

（2）活跃文化生活。服装表演已成为一种受到广大人民群众喜爱的艺术形式，并为人们的文化生活增添了活力。自1980年上海服装公司组建第一支服装表演队以来，全国各地陆续涌现出了许多专业或业余的服装表演团体，它们通过服装表演的形式丰富了人们的文化娱乐生活。电视台经常播放与服装表演相关的节目，各种大型文艺晚会也纷纷安排服装表演节目与其他节目相互交错。此外，一些单位和学校在举办文艺活动时，常常将服装表演作为重要的内容之一。

（3）大型服装文艺演出。举办大型服装文艺演出的目的有很多。一些企业利用演出来制造新闻热点或特殊事件，以宣传和推广企业文化，并扩大企业的影响力。另外，大型服装文艺演出还可以作为义演的形式存在。义演是在某一地区遭受自然灾害或为支持公益活动而举行的服装表演，演出收入及赞助款项都将全额捐赠给灾区或用于公益事业。这种方式的演出既能呈现时尚和艺术，又能为受灾地区提供援助或为公益事业作出贡献（图1-24）。

图1-24　中职招生文艺汇演

6. 专场表演

专场表演是以特定的形式、题材、风格或目的举办的一种独立的演出活动。它通常在一个特定场地举行，以特定的主题或内容为主导。专场表演通常由特定的团队、演出者或者机构组织和编排，目的是为观众提供一场精彩的艺术体验或娱乐活动。通过专场表演，艺术家可以更好地展示自己的才华，观众也能够更好地享受独特的、专注的演出体验。

（1）设计师专场。设计师专场通常是在时装周、艺术展或设计展览等场合举办的，目的是展示设计师的个人风格和设计理念。通过独特的演出形式，展示设计师的才华和创意，吸引媒体和观众的关注，从而提升设计师的知名度和品牌形象。同时，设计师专场也为设计师提供了与买家和行业人士交流的机会，有助于推动设计师的职业发展和服装产品的市场销售。这些演出通常由专业模特来展示设计师的服装作品，配合音乐和灯光，呈现独特的舞台效果（图1-25）。

图1-25 2024中国国际时装周（设计师：丁洁）

设计师专场的编排和组织可以凸显设计师的品牌形象和风格，吸引媒体、买家和观众的关注。此外，设计师专场也是设计师向行业和市场展示自己的创作能力和潜力的重要机会。

设计师专场的主题可以根据设计师的个人喜好、时尚潮流或特定活动来确定。设计师可以通过服装、配饰、道具等元素来呈现自己的设计理念和创意。在整场演出中，设计师通常会与团队合作，包括造型师、化妆师、摄影师等，共同打造出独特且精心设计的舞台效果（图1-26）。

图1-26 2024中国国际时装周朗坤（LANG KUN）秀场（设计师：黄刚）

（2）毕业生专场。大、中专院校中的服装设计专业、服装表演专业的学生在毕业前都要举行毕业作品静态展示或动态展示，称为毕业生专场。毕业生专场可以是一场精心策划的演出，学生将自己的服装设计作品展示给观众。这种展示不仅为了满足学生的成果展示需求，更是为了向社会展示他们的才华和能力（图1-27）。

图1-27　中国国际大学生时装周——东北电力大学优秀服装设计作品发布会1

在毕业生专场上，学生可以展示自己大胆、超前的设计构思，呈现他们对时尚潮流的独特理解和创新思维。他们可以通过与众不同的服装作品或表演作品展示自己的个性和风格，还可以展示他们在学校学习的专业知识和技能（图1-28）。

图1-28　中国国际大学生时装周——东北电力大学优秀服装设计作品发布会2

毕业生专场演出的目的是向社会展示学生的才华和能力，以便在工作市场中找到更好的发展机会。通过展示自己的作品，学生可以吸引人们的注意，并为自己积累声誉和认可度。这也是学生向社会展示才华和推荐自己的重要机会。

（三）演出时间与演出地点

1. 演出时间

在策划一场演出时，首先需要确定演出的具体时间。不同的演出目的会有不同的思路来确定演出时间。有些演出受到相关条件的约束，如节假日或大型活动的演出时间不可选择，需要按照已有安排进行。有些演出需要选择最佳时段，如促销类演出，需要选在消费高峰期或人流量大的时间段来加强效果。所以在确定演出时间时，要考虑演出目的、相关条件和观众习惯等因素，以便进行合理的安排。

2. 演出地点

确定了演出时间，编排者需要考虑演出类型、规模和经济实力来选择合适的演出地点。选择演出地点时，首先要确定演出地域，即在室内还是室外。只有确定了大方向，才能进一步考虑具体的演出地点。如果演出安排在室内举行，商场、大饭店、展览馆、会展中心等都可以作为演出场地选择。如果演出安排在室外进行，度假村、名胜古迹等地也可以作为演出的地点。

图1-29、图1-30中的巴黎时装周香奈儿时装秀的地点依旧定在巴黎大皇宫，秀场内部被装点成一片简洁纯粹的白色，俯视秀场，就像地图上的等高线图场景，是以阶梯组成的纯白丘陵，模特仿若在波光粼粼的湖面漫步。拒绝冗饰且洋溢饱满情感，以简洁的秀场布置体现此系列的中心思想——纯粹美学。香奈儿的来宾们在踏入巴黎大皇宫时被一层薄雾包围，放眼望去一片洁白，蜿蜒流动的白色台阶与镜面地面让人仿佛置身于超现实空间。

图1-29 巴黎时装周香奈儿时装秀1（地点：巴黎大皇宫）

图1-30　巴黎时装周香奈儿时装秀2（地点：巴黎大皇宫）

图1-31展示了位于伦敦西部的奥林匹亚展览中心，场内被打造成现代工业风设计，环形的T型台，中间围绕着音乐舞台，摆放着两架三角钢琴和一个DJ工作台。模特们缓缓穿行于镜面打造的时装秀舞台。

路易·威登时装秀在巴黎卢浮宫博物馆上演。展览从壮观的场景开始，富于年代感的露天看台上是由200个人组成的合唱团，穿着从16世纪到20世纪50年代的服装。总体来说，这季路易·威登秀场规模宏大且富有试验性，突破了年代和式样的局限，将混搭设计体现到了极致（图1-32、图1-33）。

图1-31　伦敦西部的奥林匹亚展览中心

图1-32 路易·威登时装秀1（地点：巴黎卢浮宫博物馆）

图1-33 路易·威登时装秀2（地点：巴黎卢浮宫博物馆）

（四）观众

在编排一场演出时，编排者需要明确演出的目标观众，并考虑他们的喜好和特点，可以根据时尚与保守、职业与非职业来区分观众类型。根据观众的属性，演出的服装需要与他们的品位相符，以便向他们展示最新的流行趋势。观众可以分为确定的和随机的两种类型。确定的观众是事先组织好的，而随机的观众是没有事先组织的，如那些参加商业促销性服装表演的观众。在编排过程中，还需要考虑特殊观众，如上级领导、嘉宾、商业客户和新闻记者等（图1-34）。

图1-34 2015香奈儿春夏高级定制系列

1. 观众规模

（1）场地大小和座席情况是影响观众规模的重要因素。较大的场地和较多的座席能够容纳更多的观众，而较小的场地则限制了观众的数量。因此，要根据场地的实际条件来估计能容纳的观众规模。

（2）演出目的也会对观众规模的确定产生影响。例如，一场商业演出通常会吸引更多观众，而一场私人演出可能只有特定的受邀人参加。因此，要考虑演出目的来确定合适的观众规模。

（3）要确保观众都能组织到位。这包括观众的招募和登记工作，以及场地的管理和安全措施。如果观众规模过大，可能会导致场地无法容纳或无法满足安全要求，造成观看体验不佳甚至产生安全隐患。因此，要在可行性和安全性之间权衡，确保能组织适当的观众数量。

2. 观众年龄

不同年龄的观众对时尚感的需求不同。青年观众偏好充满活力和快乐的表演，所以当观众主要为年轻人时，表演可以运用时尚类的动作和快节奏的音乐，伴奏声音可以大一些。相对而言，年纪较大且较成熟的观众更注重服装的具体细节，因此在展示给这些观众时，需要提供清晰、准确的描述。为了迎合年长观众的需求，音乐应该选择舒缓、柔和的风格。当观众年龄构成复杂时，表演需要考虑绝大多数观众的喜好，避免过于喧闹而影响成熟观众的欣赏效果，节奏也不宜过慢，以免让年轻人感到厌倦。

3. 观众的收入

通常情况下，服装表演不需要考虑观众的收入情况。然而，如果表演是为了促销商品，就需要考虑观众的收入水平。在表演前，需要了解观众的消费能力，并选择与其相匹配的服装进行展示。如果展示的商品看起来太高端或价格过高，可能会吓跑观众。如果选择的商品价格较低，观众可能会认为缺乏品质。因此，在选择展示的服装时，需要考虑主要观众群体的收入状况。

4. 观众的职业

秀场观众通常对时装有较深入的了解和研究，能够准确地把握设计师的创意和时尚趋势。因此，他们对服装的理解也更加专业和深入。他们对服装的审美标准和品位更高，会更加关注细节和整体设计的完美度。

此外，还需考虑到不同职业的观众在出席不同场合时，对服装的要求也不同。例如，商务场合的观众对服装要求可能更加正式、专业和经典；休闲场合的观众可能更倾向于时尚、舒适和个性化的款式。因此，在时装发布会或其他时尚活动中，要根据观众的职业和场合需求，通过不同的设计和展示方式来满足他们的需求，提升活动的效果和影响力。

（五）组织单位

一个活动可以由不同层次的单位共同组织，包括主办单位、赞助单位、承办单位和协办单位。有的活动可能只有主办单位、承办单位和赞助单位，有的可能只有主办单位和协办单位。此外，有些活动可能由四个层次的单位共同组织，其中必定包含主办单位。

（六）宣传媒体及方式

确定演出活动应邀请哪些媒体单位，以及使用什么宣传方式。

1. 宣传媒体选择

在宣传媒体方面，可以选择电视、报纸、杂志、网络、广播等媒体进行宣传，根据目标受众和演出活动特点选择适合的媒体进行宣传。

2. 宣传方式选择

在宣传方式方面，可以采用新闻发布会、酒会、报道、直播、视频、海报等形式进行宣传，根据演出活动的特点和受众偏好选择适合的宣传方式。

3. 目的和宣传需求

根据演出活动的目的和宣传需求来确定邀请的媒体和使用的宣传方式。如果想要吸引更多观众参与演出，可以选择邀请大众媒体，采用多样化的宣传方式；如果是面向特定受众的演出，可以选择邀请专业媒体进行报道，使用更具针对性的宣传方式（图1–35）。

图1–35　媒体区记者

（七）服装及套数

不同类型的演出需要选择不同类型和数量的服装。演出的时长和音乐节奏也会对服装数量的确定产生影响。根据流行趋势和演出主题，服装发布流行趋势和毕业生专场通常会选择60~110套服装。礼服演出可能只需要几十套服装，而商品展示演出可能需要更多的服装，具体数量取决于实际情况。选择时尚且吸引观众的服装款式非常重要。比赛场合的服装选择和数量也取决于比赛内容，现在服装款式和色彩都有较大变化，比赛本身也成为一场服装秀。大型服装文艺晚会通常需要几百套服装，具体数量取决于晚会规模。在此类演出中，可以选择礼服或民族服饰等更能营造演出氛围的服装，也可以根据演出主题进行选择（图1–36）。

图1–36　秀场后台的服装陈列

（八）模特人数及模特水平

在确定主办方的经济实力后，可以根据演出规模来选择适合的模特数量。要通过各层面试挑选合适的模特，以确保模特的表演水平符合要求。对于高规格的演出，可以安排一位模特演出一套服装，以突出表演的个性化效果。对于一般流行趋势发布或商品展示促销会等活动，可以安排较多的模特数量，保证演出顺利进行。同时，选择模特还需考虑表演主题和服装风格的一致性，使模特的表演优势得以发挥。另外，模特也需要有充足的时间换下一套服装，以保证演出正常进行（图1–37）。

图1–37　2024春夏中国国际时装周模特面试

（九）演职人员

其他部门根据具体需要招聘适当人数，确保各项工作顺利进行。例如，宣传部门需要人员负责宣传推广工作，剧务部门负责舞台与背景的设计以及演出时对后台的管控等。同时，每个部门的人员都要有良好的团队合作精神，密切配合，共同完成剧组的工作。

（十）编导

服装表演的编导是编排、设计和组织服装表演的专业人员。他们的职责包括确定表演的主题和风格，设计和选择服装，编排表演的节目和场景，指导演员的表演，协调舞台造型师、灯光师等其他相关人员工作，解决问题和应对突发情况，以确保表演成功进行。编导的选取应根据演出的性质、规模和档次来确定，并根据实际情况确定他们的具体职责和任务。他们在服装表演中扮演着重要的角色，对于展现服装艺术和达到艺术效果起到至关重要的作用（图1-38）。

图1-38 编导：东北电力大学（张欣欣）

（十一）嘉宾

对于演出活动来说，邀请特别的嘉宾至关重要，他们可以提供额外的吸引力和专业性，从而增加活动的规模和影响力。对于比赛活动而言，颁奖嘉宾的邀请十分重要，他们可以为获奖者增加荣誉感，并提高整个活动的专业性和公正性。

评委的确定也是至关重要的，一般来说，评委人数应该是单数，通常为7～9人。对于模特大赛来说，评委可以由名模、设计师、化妆造型师、编导、经纪人、时尚杂志编辑等专业人士担任。对于服装设计大赛来说，邀请著名设计师是必不可少的，他们可以提供专业的意见和指导，使比赛更具权威性和专业性。

通过邀请特别嘉宾和确定合适的评委，可以提高活动的规格和影响力，使其更加成功和有吸引力。这样的举措不仅有助于活动顺利开展，而且可以为参与者提供更好的发展机会，同时也提升了整个活动的专业性和公信力。

（十二）化妆造型团队

化妆造型师在不同服装表演活动中的要求和规格有所不同。根据表演的预算和要求，可以邀请不同档次和人数的化妆造型师团队。

在高档的服装表演活动中，预算较高，可以邀请一支由多名经验丰富的化妆造型师组成的团队。这些化妆造型师通常具备专业知识和技能，能够为模特或演员设计精细的化妆造型，并且能够应对各种复杂和高要求的造型需求。在预算较低的服装表演活动中，可以邀请一支规模较小的化妆造型师团队。这些化妆造型师可能拥有较少的经验，但仍然能够设计出符合时尚流行和演出主题的化妆造型。他们可能需要更多的指导和支持，但可以根据预算限制来提供基本的化妆和造型服务（图1-39、图1-40）。

图1-39　秀场后台专业化妆团队的妆发造型工作1

图1-40　秀场后台专业化妆团队的妆发造型工作2

化妆造型的设计通常由设计师和编导提出要求，以及他们对造型的期望，由化妆造型师负责实际的设计工作。化妆造型师需要综合考虑时尚流行和演出主题，根据模特或演员的特点和需求进行设计。他们需要根据不同的演出场景和服装风格，设计出多个不同的化妆造型方案，并与设计师和编导进行沟通和确认。

化妆造型师在服装表演活动中的要求和规格是根据预算、活动类型和演出要求来确定的，其设计需要结合时尚流行和演出主题，确保模特呈现完美的造型效果。

（十三）舞美设计团队

舞美设计团队要了解服装设计师和编导的创意和意图，以便更好地融入舞台设计中。他们可以讨论舞台背景的颜色、形状和材质，以及灯光和音响的运用方式，以确保能够最大化地展现整个表演效果。同时，舞美设计团队还可以提供一些专业的建议和意见，根据其对舞台艺术的理解和经验，为服装设计师和编导提供一些创新的思路和方向。他们可以帮助确定合适的舞台布景和道具，以及选择适合的灯光和音响效果，让整个演出更加生动、夺人眼球。

在舞台设计完成后，舞美设计团队还需要对舞台进行实际的搭建和布置。他们需要根据设计图纸和指示，将舞台背景和布景材料进行搭建和装饰，还要负责安装和调试灯光和音响设备，以确保设备能够在演出中正常使用。

舞美团队在服装表演中扮演着重要角色。他们与服装设计师和编导之间的充分沟通和合作，可以为表演带来更好的艺术效果，使整个晚会更加成功（图1-41）。

（十四）表演场地

确定表演地点只是选择演出的整体环境，很多演出地点都有多个场所可供选择。编排者应根据演出需求、规模和主办方的财力来确定具体的表演场地。例如，可以选择大型饭店的会议大厅、餐厅、多功能厅等作为表演场地。

图1–41 灯光调音准备就绪

（十五）演出时长

服装表演与戏剧、舞蹈、音乐会不同，它的表演形式相对较为单一，场景变化较少。因此，演出时间的长短对其综合效果至关重要。为了保证表演的成功，演出时间必须把握得恰到好处。一般而言，中、小型服装表演的时间应控制在20~40分钟；时装周的时间应控制在30分钟以内；即使是大型服装表演，也最好不要超过60分钟；大型观赏性服装表演（含音乐或演唱）由于观赏性较强，演出时间可延长至90分钟。然而，演出时间过长会导致观众的视觉和听觉疲劳，达不到预期效果。

（十六）演出风格

演出风格主要考虑演出的主题和目的。不同的演出主题可以呈现出不同的表演风格，如优雅、夸张、动感、高雅等。编排者应根据演出的主题来确定整体的表演风格，以确保演出能够准确传达主题所需的氛围和情感。

不同服装的演出风格要考虑服装的设计和选择。服装的设计要与演出主题和整体演出风格相呼应，通过服装的颜色、款式、面料等元素来塑造特定的表演风格。例如，在一场高雅的演出中，编排者可以选择典雅、庄重的服装，而在一场动感的演出中，编排者可以选择活泼、明亮的服装。

编排者在确定演出风格时应根据演出目的、表演场地条件、观众规模和模特条件来综合考量，以确保演出能够达到预期效果并让观众获得良好的观赏体验。

（十七）演出规模

演出规模受到演出形式的影响，如舞台剧、音乐会、时装秀等不同形式的演出对规模的要求会有所不同。

主办方的经济实力是影响演出规模的重要因素之一。经济实力强的主办方可投入更多的资金来筹备和举办规模较大的演出，包括雇佣更多的演职人员、购买更多的道具和服装、租用更大的场地等。

观众规模也是决定演出规模的重要因素之一。观众规模越大，演出规模通常也会相应增大，因为需要提供更多的座位和各项服务设施。

演出场地的大小和条件也会对演出规模产生影响。如果场地空间较小，可能会限制舞台布置和演员的活动范围，从而影响演出规模。而较大的场地则可以容纳更多的观众和更多的表演元素。

服装数量和模特数量也是衡量演出规模的重要指标之一。服装和模特数量的增加会使演出更加丰富多样，给观众带来更多的视觉享受。

演出风格也会影响演出的规模。一些大型音乐会或舞台剧可能涉及大规模的布景、特效和灯光设计等，在演出规模上需要更大的投入。

道具也是影响演出规模的因素之一。道具的数量和复杂程度都会影响演出的规模，特别是大型舞台剧或时装秀需要更多和更复杂的道具来呈现更为丰富的演出效果。

（十八）接待与安全

对于一场正式的服装表演来说，还需要特别关注相关接待工作和安全保障工作。在编排过程中，编排者也应该考虑这两项工作的安排。相关接待工作主要涉及邀请的领导、嘉宾和客户，主要包括座位安排、礼品发放以及就餐安排等。安全保障工作包括考虑服装的安全性，场地设备的安全性以及观众的安全。

（十九）经费预算

筹划一场服装表演其实就像是担任一项演出工程的经理，这就意味着首要考虑的是经费问题。作为编排者，需要综合考虑演出规模、内容、场次、模特数量以及场地氛围等因素，以编制全面的预算和安排。作为一场服装表演的编排者和组织者，不能忽视经费预算这一关键环节。在预算过程中，必须全面考虑，确保不会遗漏任何需要费用的环节。

思考题

1. 请结合自身真实的实践案例，分析时尚与表演之间有着怎样的联系，并结合本章所学理论说明你的案例。

2. 服装表演策划原则有哪些？你是如何理解这些原则的可行性的？

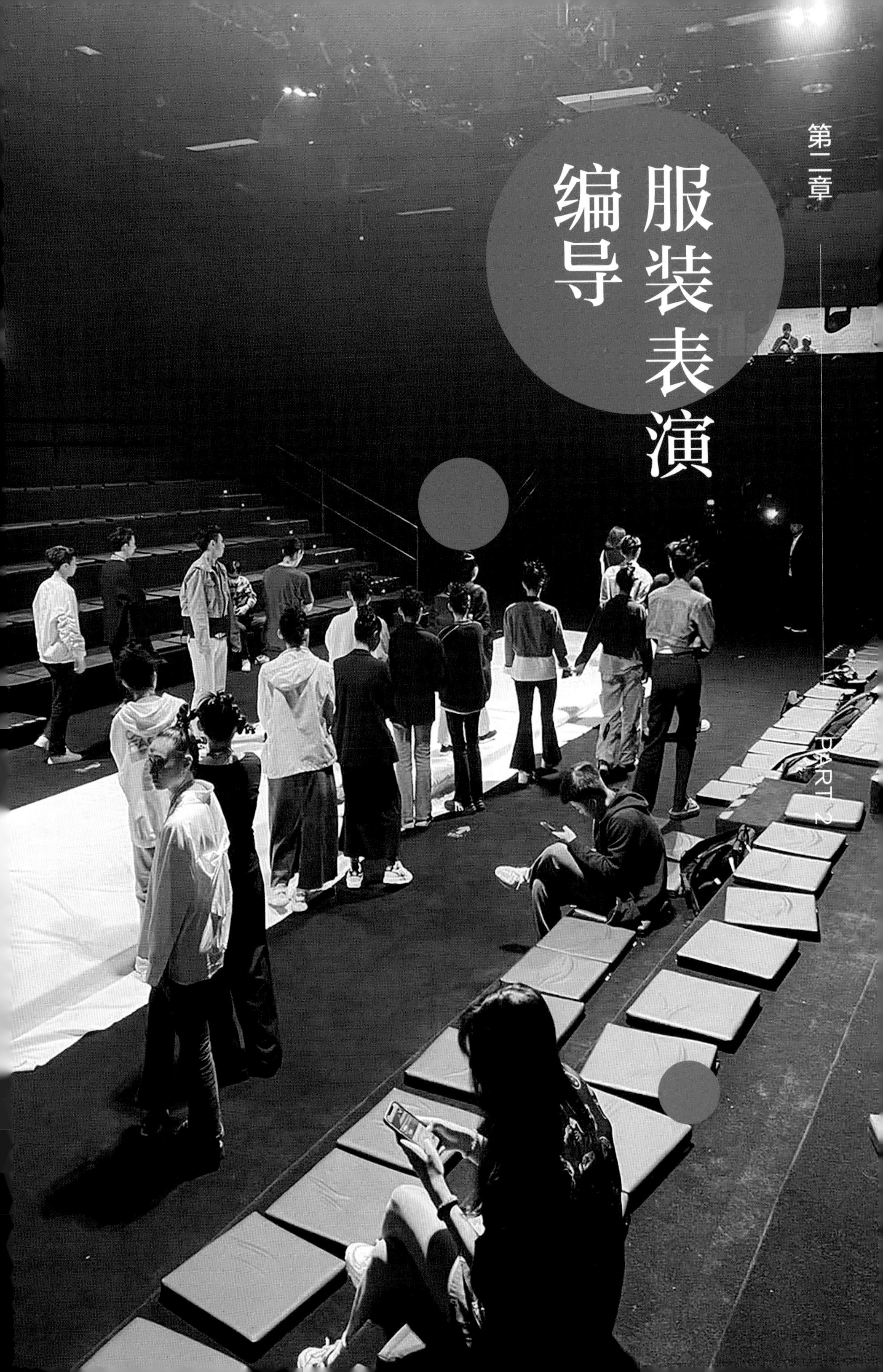

第二章

服装表演编导

PART 2

服装表演编导是指负责整个服装表演过程的策划、组织和指导工作的人员。他们在表演的前期负责确定表演的主题和风格，洽谈与服装相关的合作方案，挑选适合的场地和舞台布置，以及与设计师、模特和化妆师等相关人员进行协调和沟通。

在表演的准备阶段，编导需要与设计师合作，根据表演主题和风格，进行服装的选取和搭配，确定每套服装的出场顺序和节目流程，并制定相关舞台动作和走位的规划。此外，编导也需要协助化妆师和造型师，确保每个模特的妆容、发型和配饰与服装相协调。

在表演的实际过程中，编导需要指导和监督模特的走位和动作，保持整个表演的节奏和流畅性。在舞台布置和灯光设计方面，编导也需要与相应的技术人员进行沟通和协调，确保服装的展示效果达到最佳状态（图2-1）。

图2-1　编导现场照片（张欣欣）

服装表演编导负责将设计师的作品和创意通过表演的形式呈现给观众，他们需要在时尚与艺术之间找到平衡点，并引导观众从服装背后的故事和设计灵感中感受更深层次的审美享受。编导的工作使得整个表演能够有序进行，让观众在欣赏和体验服装的美感时能够全情投入。

第一节 服装表演编导的作用

服装表演编导的作用是将服装与表演艺术完美地结合起来，使服装在表演中起到更好的展示效果和艺术表达功能。具体作用如下。

一、突出角色特征

服装表演编导能通过服装设计和搭配，突出角色的个性特征和身份背景，帮助观众更好地理解和认知角色。

（一）服装设计是突出角色特征的重要手段

不同的角色需要不同的服装设计来体现其个性特征和身份背景。例如，一位高贵的公主可能需要穿着华丽的礼服，而一名勇敢的战士可能需要穿着坚固的盔甲。通过精心设计的服装，编导可以让观众更好地理解和认知角色。

（二）服装搭配也是突出角色特征的重要手段

服装搭配不仅可以体现角色的个性特征，还可以体现角色的身份背景。例如，一位年轻的时尚达人可能需要穿着时尚的服装，而一位老人可能需要穿着传统的服装。服装表演编导可以通过服装设计和搭配，突出角色的个性特征和身份背景，帮助观众更好地理解和认知角色。因此，服装表演编导的学习内容在服装表演策划与编导教材中占有重要地位。

二、融入舞台效果

服装表演编导可以根据舞台布景、灯光等要素，设计和选择适合舞台效果的服装，使服装与舞台装饰相呼应，达到整体美学效果。

（一）了解舞台布景的特点和灯光的运用

舞台布景是服装表演的重要组成部分，它可以为服装表演提供背景和氛围。灯光则是舞台表演的灵魂，它可以使服装的颜色和质感发生变化，增强服装的表现力。

（二）根据舞台布景和灯光的特点，设计和选择适合舞台效果的服装

服装的颜色、材质、款式等都需要与舞台布景和灯光相协调，使服装与舞台装饰相呼应。

（三）通过排练和表演，检验服装与舞台效果的协调性

在排练过程中，服装表演编导需要不断地调整服装和舞台效果，以达到最佳的表演效果。在服装表演策划与编导中融入舞台效果，可以使学生更好地理解和掌握服装表演的精髓，提高其艺术修养和实践能力。

三、增加舞台观赏性

通过独特的服装设计和搭配，服装表演编导能够为观众带来视觉冲击和享受，增加表演的观赏性，提升观众的艺术体验。

（一）强调服装设计的重要性

服装设计是服装表演的核心元素之一，它可以传达出表演的主题、情感和故事。因此，服装设计应该看作表演的一部分，而不仅是服装本身。各种服装设计技巧和方法，如色彩搭配、材质选择、剪裁技巧等，可以帮助编导挑选出具有视觉冲击力的服装。

（二）提供服装搭配建议

服装搭配是另一个可以增加舞台观赏性的关键因素。服装表演编导可以提供一些服装搭配的建议，如何将不同风格的服装搭配在一起，以及如何使用配饰来增强服装的视觉效果等。

（三）强调服装与表演主题的联系

服装应该与表演的主题紧密联系，以传达出表演的情感和故事。服装表演编导可以介绍如何通过服装设计和搭配来表达表演的主题，以及如何使用服装来引导观众的情感反应。

（四）提供舞台布景和灯光设计建议

除了服装设计和搭配，舞台布景和灯光设计也是增强舞台观赏性的重要因素。服装表演编导可以提供一些舞台布景和灯光设计的建议，如怎样使用布景和灯光来增强服装的视觉效果，如何使用布景和灯光来引导观众的视线等。

（五）强调观众的参与

观众的参与可以增加表演的观赏性，提升观众的艺术体验。服装表演编导可以通过观众的参与来增强服装表演的视觉效果，或通过观众的参与来引导观众的情感反应。

四、增强戏剧冲突

服装表演编导对于服装的选择有助于塑造角色形象、表达情感和增强戏剧冲突。编导可以通过服装的颜色、廓型和质地等特点，突出戏剧角色的冲突和对立，使观众更好地理解和感受服装秀。

（一）服装的颜色可以直观地传达角色的情绪和性格

红色通常代表热情和活力，黑色则常常象征着神秘和压抑。编导通过选择不同的颜色，可以创造出强烈的视觉冲击，使观众对角色的情绪和性格有更深入的理解。

（二）服装的廓型和质地可以增强戏剧冲突

硬朗的材质和简洁的线条可以突出角色的坚韧和决断，而柔软的材质和复杂的线条可以表现角色的柔弱和矛盾。通过对比和对照，编导可以创造出鲜明的角色形象，使观众更好地感受到冲突和对立。

（三）服装的细节设计可以增强戏剧冲突

角色的配饰、纹样和装饰等都可以反映出角色的身份、地位和心理状态。通过精心设计和巧妙搭配，编导可以创造出丰富多样的角色形象，使观众对戏剧的情感有更深入的体验。

服装表演策划与编导中的戏剧冲突的程度，需要通过服装的颜色、廓型、质地和细节等多方面的设计和选择来展现，从而创造出鲜明的角色形象，使观众更好地理解和感受戏剧的情感。

五、引导观众情绪

服装表演策划与编导在服装表演中起着至关重要的作用。他们不仅需要对服装设计有深入的理解，还需要有丰富的舞台表演经验，能够通过服装造型的选择和变化，引导观众的情绪，增强观众的情感共鸣。

（一）对服装设计有深入的理解

服装表演编导需要了解服装的材质、颜色、款式等元素，以及这些元素如何影响服装的整体效果。此外，服装表演编导还需要了解服装的历史和文化背景，以便在服装设计中融入这些元素，使服装更加丰富和有趣。

（二）服装表演编导需要有丰富的舞台表演经验

服装表演编导需要了解舞台表演的基本原理，如舞台布景、灯光、音乐等，以及如何利用这些元素来增强服装表演的艺术效果。此外，服装表演编导还需要了解观众的心理，以便在服装表演中引导观众的情绪，使观众能够更好地理解和欣赏表演作品。

（三）服装表演编导需要有创新的思维

服装表演编导需要不断寻找新的灵感，以便在服装设计和搭配中创新，使服装表演更加引人入胜。此外，服装表演编导还需要有良好的沟通能力，以便与设计师、演员、舞台工作人员等进行有效的沟通，确保服装表演的顺利进行。

服装表演策划与编导在服装表演中起着至关重要的作用。他们需要有丰富的服装设计知识、舞台表演经验、创新的思维以及良好的沟通能力，以便在服装表演中引导观众的情绪，提升服装表演的艺术效果，使观众能够更好地理解和欣赏表演作品。

第二节　服装表演编导的工作职责

服装表演编导的工作职责是负责整个服装表演策划、设计、编排和导演的工作，以实现艺术展现和观众体验的最佳效果。编导可以将服装表演的各要素有机地结合起来，创造出一场完整、和谐、具有审美价值的服装表演。

服装表演编导的工作职责主要包括以下几个方面。

一、确定服装表演的主题

服装表演的主题是服装表演的灵魂，是服装艺术的核心，服装表演编导可以根据季节、风格、文化等方面进行选择，确保主题与观众的喜好和主办方的需求相符。

（一）季节主题

根据季节选择主题，如春夏系列、秋冬系列等。这不仅可以让观众直观地感受到季节的变化，也可以让设计师通过服装来表达其对季节的理解和感受。作为每季国际流行趋势的“引领者”和“始发站”，时尚圈最顶尖的大牌都会在时装周上发布新品（图2-2）。

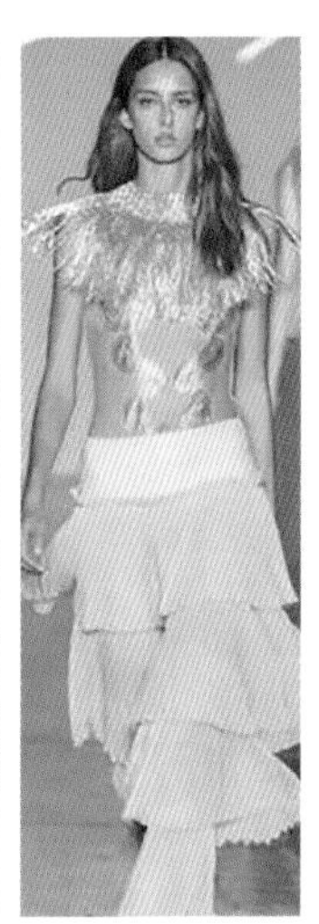

图2-2　2018春夏纽约时装周秀场

（二）风格主题

服装表演编导根据服装的风格选择主题，如复古、现代、民族、街头等。这可以让观众感受到不同风格的魅力，也可以让设计师通过服装来表达其对风格的理解和感受。

“丝路·民族”系列作品代表着胡社光对于家乡及民族文化的推崇与敬仰，此系列作品曾随他出征伦敦，在世界舞台上大放异彩并获得了诸多肯定与好评。而此次，胡社光将这些满载盛誉的作品“重新洗牌”，经过全新的改良后再度起航，以压轴大秀的形式站在了中国国际时装周的舞台上。这些散发着民族气息的服装在故土的舞台上又被赋予了更多的内涵与亮点。经过重新塑造后的“丝路·民族”似乎更加让人体会到一个设计师对于自己想要传达的内容的强烈情感。

在这场压轴大秀中，胡社光用极具张力的表现手法和很有说服力的艺术形式将自己的设计理念和民族精神、民族文化以及少数民族的热情和风格特点传递给观众。他在作品中巧妙地融入了家乡文化元素（蒙古族服饰的特点），服装款式设计新颖、造型独特，且细节上随处可见巧妙与用心之处。可以说，胡社光是把中国的传统文化及少数民族文化的特点融入每一件作品中（图2-3、图2-4）。

图2-3 中国国际时装周“丝路·民族”大秀压轴1（设计师：胡社光）

图2-4 中国国际时装周“丝路·民族”大秀压轴2（设计师：胡社光）

（三）文化主题

服装表演编导可以根据文化选择主题，如中国风、日本风、法国风等。这可以让观众感受到不同文化的魅力，也可以让设计师通过服装来表达他们对各种文化的理解和感受。

中国品牌盖娅传说也很能捕捉东方神韵，古典韵味十足（图2-5）。

图2-5　盖娅传说1（设计师：熊英）

盖娅传说的设计投入了中国智慧美学的风格，如同画中仙踏着云彩而来，恢宏大气。服装秀以“画壁·一眼千年”为主题，模特们化身敦煌飞天仙女，飘逸灵动，温婉优雅；又如同唐代的掌灯宫女，袅袅婷婷地走来，这时候发现书中描写的“薄如蝉翼”便是她们身上的轻纱（图2-6）。

图2-6　盖娅传说2（设计师：熊英）

当外国模特穿上这样的中式礼服，感觉大不相同，东方女子穿上是温文尔雅，而西方面孔则充满了浓浓的异域风情。远比欧洲文艺更悠久的敦煌莫高窟文化，精致的服饰融合了绝美的敦煌壁画，让人们感受到有着几千年积淀的东方文化是多么富有韵味（图2-7）。

图2-7 盖娅传说3（设计师：熊英）

（四）时尚主题

根据时尚潮流选择主题，如极简主义、波西米亚风、复古风等。这可以让观众感受到时尚的魅力，也可以让设计师通过服装来表达对时尚的理解和感受。

例如：主题为“我已随风化作‘你’的影”，秀场被霓虹闪烁笼罩，色彩光阶的呈现令人愉悦，低沉慵懒的音乐显得大胆恣意，服装冲撞的色彩、干净的剪裁、新颖的设计与舒适的面料让被服装包裹下的身躯爆发出前卫的力量与独立。我们很难用“高级”或者“干净”这种单薄的词汇描述王玉涛的作品，“漂亮”对他来说过于简单，他早已轻松化繁为简。因此，其品牌打破服装对身体的束缚，化为“会呼吸的肌肤般”萦绕于身，这种“化有为无”是他与服装的默契，分毫不差的精准是多年不懈努力的馈赠（图2-8）。

图2-8　主题:我已随风化作“你”的影(设计师:王玉涛)

(五)主题结合

服装表演编导可以结合季节、风格、文化、时尚等多方面，创造出独特的主题。例如，可以选择“中国风春夏系列”“复古街头秋冬系列”等主题。

盖娅传说·熊英 2021春夏系列发布秀的主题是“乾坤·沧渊”，分为“浮世”“幻世”两个篇章。设计师熊英从自然界中汲取灵感，将天幕披于肩背，将海渊浮于裙摆，将日月衬于华盖，把星辰与大海纷纷装进飘逸唯美、奢华瑰丽的裙装中。服饰在图腾纹饰上，有日月星辰、山海灵泽、西域楼兰、人鱼鲛龙、晨烟霞光，极具国风意蕴的元素符号应用，演绎出“日月阴阳回转，星耀天缀华穹;泛海浮灵弥生，物源地始溟川”的画面风韵。

品牌自诞生以来一直致力于传承中国传统手工艺，本季的设计通过传统苏绣、勾线打籽、银丝线绣、珠绣等多种传统工艺相结合，并运用了金银丝、米珠珠片、珠管、水晶等百余种材料进行艺术创作，在衣身上进行波纹褶皱多层次拼条，呈现如同年轮的厚重历史，展现岁月式的沉淀(图2-9)。

图2-9 “乾坤·沧渊”盖娅传说2021春夏发布会（设计师：熊英）

在确定主题后，服装表演编导还需要进行服装选择、模特选择、音乐编排、灯光布置等工作，以确保服装表演成功。

二、制订编导方案

在确定主题后，编导需要制订整体构思的方案。演出方案的制订需要考虑服装表演的类型和主办方的意图，并涉及演出的各个方面。编导方案应与表演目的和参与人员的能力相符。制订演出方案时需要考虑细节工作，如演出时间、地点、规模，服装、模特、音乐的选择，表演设计和排练的安排，工作人员的分工和协调，舞台布局，以及表演解说等。在制订具体的演出方案后，编导还需要形成文字作为具体工作的依据，方便与主办方进行沟通、协商和调整。

（一）表演类型

服装表演可以分为走秀、静态展示、动态展示等多种类型，每种类型都有其特定的表演方式和要求。

（二）主办方意图

编导需要理解主办方的意图，包括其希望达到的效果、目标观众、预算等，以便在方案中进行适当的调整。

（三）表演目的

编导需要明确表演的目的是推广品牌、展示新品，还是为了娱乐观众等，这将影响表演的设计和内容。

（四）参与人员的能力

编导需要考虑参与人员的能力，包括模特的身材、气质、表演经验，以及工作人员的技术水平等，以便合理地安排工作。

（五）细节工作

编导需要考虑演出的各个方面，包括时间、地点、规模、服装、音乐、表演设计、排练、舞台布局、解说等，以确保演出顺利进行。

（六）文字方案

编导需要将具体的演出方案形成文字，以便与主办方进行沟通、协商和调整。

服装表演编导方案的制订是一项复杂而重要的工作，需要编导具备丰富的经验和专业知识，才能确保演出的成功。

三、熟悉表演服装和观众

编导需要熟悉表演服装的特点、材料和设计风格，以确保服装与表演主题相符。同时，编导还要了解观众的喜好和审美需求，以便根据观众的喜好选择合适的服装和风格。

在服装表演策划与编导中，还需要考虑服装的实用性。例如，如果表演是在户外进行，服装需要具有防风、防水等特性。如果表演是在室内进行，服装需要考虑舒适度和美观度。

在服装设计和选择上，编导需要与设计师紧密合作，共同创造出符合表演主题的服装。同时，编导还需要考虑服装的制作成本，以确保服装的制作在预算范围内。

在服装表演中，编导还需要考虑服装的搭配及其方式。例如，如果表演的主题是复古风格，那么编导需要选择一些复古风格的服装，以创造出复古的氛围。

在服装表演中，编导还需要考虑服装的变换及其方式。例如，如果表演的主题是故事性表演，那么编导需要设计一些服装变换，以帮助观众更好地理解故事的发展。

总的来说，服装表演编导需要对服装有深入的了解，同时也需要对观众有深入的了解，以创造出符合表演主题和观众喜好的服装表演。

四、选择模特

编导需要根据服装设计风格的需求，选取合适的模特进行服装展示。模特需要身材比例好、气质出众、表现力强，以更准确地展示设计师的最佳服装效果。

（一）身材比例

模特的身材比例是选择模特的重要因素之一。模特的身材比例要与服装设计的风格相匹配。例如，如果设计师设计的是高腰线的连衣裙，那么模特的腰线应该比普通人的腰线更高，这样更能凸显设计师的设计理念。

（二）气质

模特的气质也是选择模特的重要因素之一。模特的气质要与服装设计的风格相匹配，如果设计师设计的是优雅的晚礼服，那么模特的气质应该偏向于优雅和高贵，这样更能突出设计师的设计理念。

（三）表现力

模特的表现力也是选择模特的重要因素之一。模特的表现力要与服装设计的风格相匹配，如果设计师设计的是活泼的运动装，那么模特的表现力应该偏向于活泼和开朗，这样更能突出设计师的设计理念。

（四）年龄

模特的年龄也是选择模特的重要因素之一。模特的年龄要与服装设计的风格相匹配，如果设计师设计的是儿童服装，那么模特的年龄应该在儿童或青少年之间，这样更能突出设计师的设计理念。

（五）面貌

模特的面貌也是选择模特的重要因素之一。模特的面貌要与服装设计的风格相匹配，如果设计师设计的是复古风格的服装，那么模特的面貌应该偏向于古典和优雅，这样更能突出设计师的设计理念。

五、确定演出音乐

根据演出的主题和情感氛围，选择适合的背景音乐。音乐的节奏和曲调应与服装展示的风格相匹配，以增强观众的视听感受。

（一）确定主题

服装表演编导首先需要确定演出的主题，这将决定音乐的选择。例如，如果主题是“复古”，那么编导可能会选择一些老式的爵士乐或摇滚乐作为背景音乐。

（二）确定情感氛围

除了主题，情感氛围也是选择音乐的重要因素。如果服装展示的是浪漫的婚纱，那么编导可能会选择一些轻柔的钢琴曲或小提琴曲作为背景音乐。

（三）考虑服装风格

服装的风格也会影响音乐的选择。如果展示的是华丽的晚礼服，那么编导可能会选择一些节奏明快、旋律优美的交响乐或管弦乐作为背景音乐。

（四）考虑服装的动态

服装的动态也会影响音乐的选择。如果展示的是运动装，那么编导可能会选择一些节奏快、动感强的流行音乐或电子音乐作为背景音乐。

（五）考虑服装的颜色

服装的颜色也会影响音乐的选择。如果展示的是黑色或深色的服装，那么编导可能会选择一些深沉、神秘的音乐作为背景音乐。

（六）考虑服装的材质

服装的材质也会影响音乐的选择。如果展示的是柔软、飘逸的纱裙，那么编导可能会选择一些轻柔、梦幻的音乐作为背景音乐。

（七）考虑服装的剪裁

服装的剪裁同样会影响音乐的选择。如果展示的是剪裁简洁、线条流畅的服装，那么编导可能会选择一些简洁、流畅的音乐作为背景音乐。

服装表演编导在确定演出音乐时，需要综合考虑服装的风格、情感氛围、主题等因素，以选择最适合的音乐作为背景音乐。

六、分配服装

服装表演编导会根据模特的身材和外貌特点，将不同款式的服装分配给对应的模特，以确保服装和模特的搭配和谐统一。

（一）了解模特

服装表演编导需要了解模特的身材、外貌特点以及他们的风格，包括模特的身高、体重、体型、肤色、脸型、气质等，这些信息将帮助编导确定哪些服装最适合他们。

（二）选择服装

根据模特的特点，编导需要选择合适的服装，包括服装的设计、颜色、材质、风格等。如果模特身材高大，那么可能适合选择一些长款或宽松的服装；如果模特肤色较深，那么可能适合选择一些深色或有对比色的服装。

（三）分配服装

在确定了服装和模特的搭配后，编导需要将服装分配给对应的模特，需要考虑服装的展示顺序、模特的出场顺序等因素。

（四）审核和调整

在分配完服装后，编导需要对服装和模特的搭配进行审核，确保服装与模特和谐统一。编导可以进行一些调整，如改变服装的展示顺序，或者调整模特的出场顺序。

（五）演练和反馈

编导需要和模特一起演练，确保他们能够熟练地展示服装。同时，编导也需要收集模特和观众的反馈，以便对服装和模特的搭配做进一步的调整。

七、组织场幕和安排顺序

服装表演编导会根据演出的节奏和场地限制，组织场幕的布置和演员的出场顺序，确保演出的流畅性和紧凑性。

（一）确定场幕的布置

根据演出的主题和风格，编导需要设计场幕的布置，包括舞台的大小和形状、颜色、灯光、音响等。场幕的布置需要与演出的主题和风格相匹配，同时也要考虑到观众的视觉效果。

（二）安排演员的出场顺序

演员的出场顺序是演出的重要组成部分。编导需要根据演出的节奏和场地限制，合理安排演员的出场顺序。出场顺序的安排需要考虑到演员的特长、角色的特性、剧情的发展等因素。

（三）确保演出的流畅性和紧凑性

服装表演的编导需要精确地控制时间、节奏和气氛，以确保整个演出既紧凑又流畅。同时，还需要精心设计内容，以满足观众的喜好和理解能力。

（四）指导演员的表演

编导还需要指导演员的表演，包括演员的服装、化妆、动作、语言、表演技巧、舞台表现和团队合作等表演的重要组成部分。编导需要根据角色的性格和演出的主题，设计合适的服装、妆容、动作和语言，指导演员如何运用表演技巧和在舞台上表现自己，以及如何与团队成员合作，以确保演出顺利进行并突出角色的特点和演出的主题。

（五）处理突发事件

在演出过程中，突发事件是难以避免的，如设备故障、演员失误、观众反应、天气变化等。对此，编导需要提前做好设备检查，对演员进行充分的训练，了解天气预报，并制定应对突发事件的预案。总的来说，服装表演编导需要有良好的应变能力和组织能力，要能够及时处理突发事件，确保演出的顺利进行。

八、运用表演和舞台艺术创作规律

通过合理运用表演艺术和舞台艺术的创作规律，将音乐、服装、舞台美术等要素有机地结合起来，创造出一场具有审美价值的服装表演。

服装表演编导需要具备深厚的表演艺术和舞台艺术功底，同时也需要对服装设计、音乐、灯光、舞台美术等多方面有深入的理解和研究。他们需要根据服装的设计风格和主题，选择合适的音乐和舞台美术，通过表演者的动作和表情，将服装的美感和主题表现出来。

服装表演编导的工作包括服装选择、舞台选择、音乐选择、演员选拔和训练、表演编排等。他们需要根据服装的特点和主题，设计出合适的舞台布景，选择能够表现服装主题的音乐，然后训练演员，使他们能够准确地表现出服装的美感和主题。

服装表演编导不仅要有艺术创作能力，还要有良好的组织和管理能力。他们需要协调各种资源，确保服装表演的顺利进行。同时，编导还需要有创新思维，能够创造出新颖、独特的服装表演。

总的来说，服装表演编导是将服装、音乐、舞台美术等要素有机结合起来，能够创造出一场具有审美价值的服装表演的关键人物。他们的工作需要艺术创作能力、组织和管理能力以及创新思维。

第三节　服装表演编导的工作步骤

服装表演编导的工作是通过表演服装来创造舞台的形式美和内容美。这个过程可以分为三个阶段：前期、中期和后期。

编导工作还包括调整和修改演出细节，以及与艺术团队合作，确保演出的整体协调性和一致性，确保演出达到预期效果。

一、前期编导阶段

在服装表演编导的前期，主要是对整个演出过程进行构思策划。首先，根据表演服装的风格选择合适的主题，并确定演出场地和舞台美术的构思，以便准确表达主题。然后，对演出形式进行编排构思，并确定服装数量、模特数量和剧务人员。

在前期编导阶段，编导需要对展示的服装进行细致的观察和分析，以先于模特找到表演的感觉。编导要分析服装角色和风格，理解服装所表达的情感和设计师的设计理念，然后指导模特演员的表演，最终设计出一套具有艺术表现力的完美表演方案。这个过程是服装表演编导的艺术构思过程，也是整个导演过程的指导。

通过这些前期的编导工作，可以确保服装表演在整体结构上呈现完美的效果，并且能够给观众带来具有艺术审美价值的享受。因此，良好的构思对于服装表演的成功至关重要，能够为表演带来深刻的意义和引人入胜的观赏体验。

二、中期编导阶段

中期编导阶段的工作内容主要围绕整体布局的设计、舞台搭建、音乐、灯光和化妆造型的准备以及模特排练等方面展开，以实现艺术构思方案的具体呈现。

（一）音乐选编和播放

根据服装风格和表演主题，选择合适的音乐并进行编辑和播放，以增强舞台效果。

1. 音乐选编

在服装表演中，音乐是不可或缺的一部分，它能够营造出特定的氛围，增强服装的视觉效果。在音乐选编阶段，编导需要根据服装的风格和表演的主题来选择合适的音乐。例如，如果服装风格是复古的，那么编导可以选择一些经典的爵士乐或者摇滚乐；如果服装风格是现代的，那么编导可以选择一些流行的电子音乐或者嘻哈音乐。

2. 音乐编辑

在选择了合适的音乐之后，编导还需要对音乐进行编辑，以满足服装表演的需要。例如，编导可以剪辑音乐的节奏，使其与服装的走秀节奏相匹配；编导也可以调整音乐的音量，使其在舞台上能够被清晰地听到。

3. 音乐播放

在服装表演的现场，编导还需要负责音乐的播放。编导需要确保音乐在正确的时间播放，如在模特开始走秀的时候播放音乐，在模特换装的时候暂停音乐。编导还需要确保音乐的音质良好，以便观众能够听到清晰的音乐。

音乐选编和播放是服装表演中期编导阶段的重要工作，它能够增强服装表演的舞台效果，提升观众的观感。

（二）设计方案准备

根据艺术构思方案，提出整体布局的设计方案，包括舞台美术、灯光、化妆造型等方面的设计。

1. 舞台美术设计

舞台美术设计是服装表演中非常重要的一个环节，包括舞台布景、道具、服装等设计。舞台布景的设计需要根据服装表演的主题和风格来确定，道具的设计也需要与服装和主题相匹配。服装的设计则需要考虑到服装的材质、颜色、款式等因素，以达到最佳的视觉效果。

2. 灯光设计

灯光设计是服装表演中的另一个重要环节，可以通过灯光的明暗、色彩、角度等变化营造出不同的氛围和效果。灯光设计需要与舞台美术设计、服装设计等相协调，以达到最佳的视觉效果。

3. 化妆造型设计

化妆造型设计是服装表演中的一个重要环节，可以通过化妆和造型突出服装的特点和风格，增强服装表演的艺术效果。化妆造型设计需要根据服装表演的主题和风格来确定。

4. 其他设计

除了上述设计外，服装表演中期编导阶段中还需要考虑音乐、舞蹈、表演等方面的设计。音乐和舞蹈的设计需要与服装表演的主题和风格相匹配，表演的设计则需要考虑表演者的表演技巧和服装表演的整体效果。

（三）化妆造型设计

服装表演编导根据当时的流行趋势和服装风格，提出化妆造型设计的创意，并由化妆设计师根据设计方案制作化妆造型图，以备演出前化妆使用。

在服装表演中，化妆造型设计是非常重要的一环，它不仅能够增强服装的视觉效果，还能帮助模特更好地诠释服装的主题和风格。因此，化妆造型需要根据服装的风格和流行趋势，以及模特的面部特征和身材特点来设计。

1. 创意来源

编导需要对服装表演的主题和风格有深入的理解，这样才能提出符合主题和风格的化妆造型设计创意。例如，服装表演的主题是复古，那么化妆造型设计就可以选择一些复古的元素，如红唇、烟熏眼妆等。

2. 结合模特特点设计

编导需要考虑模特的面部特征和身材特点，这样才能设计出适合模特的化妆造型。例如，模特的面部特征比较立体，那么化妆造型就可以选择一些强调立体感的设计，如高光和阴影的运用；模特的身材比较瘦长，那么化妆造型就可以选择一些能够拉长面部线条的设计，如修容和腮红的运用。

3. 化妆造型设计方案

化妆设计师需要根据编导提出的化妆造型设计创意，制作化妆造型图。化妆造型图应该包括妆容、发型、饰品等所有细节，以便化妆师在演出前能够准确地进行化妆。

化妆造型设计是服装表演中不可或缺的一环，只有编导和化妆设计师共同努力，才能创造出精彩的化妆造型。

（四）服装分配

服装表演编导根据设计要求和服装风格，挑选合适的模特，并分配对应的服装。同时，编导还需要组织和指导模特进行排练，并开展舞台合成工作。

在这个阶段，编导需要考虑的因素有很多，包括模特的身材、气质、风格是否与服装设计相匹配，服装的搭配是否协调，模特的走秀路线是否合理，以及灯光、音乐、道具等元素如何与服装表演相结合。

1. 挑选模特

编导需要根据服装设计的要求和风格，挑选合适的模特。这需要编导对模特有深入的了解，包括他们的身材、气质、风格等。同时，编导需要考虑模特的配合度，是否愿意接受编导的指导和安排。

2. 服装分配与搭配

编导需要给模特分配对应的服装。这项工作要求编导对服装有深入的理解，包括服装的设计理念、风格、材质等。同时，编导需要考虑服装的搭配，如何让服装在模特身上展现出最佳的效果。

3. 模特排练的组织和指导

编导需要组织和指导模特进行排练。这项工作要求编导具有丰富的舞台经验，知道如何指导模特走秀，如何控制舞台的节奏，如何处理突发情况等。编导需要具备良好的艺术修养、舞台经验、组织协调能力和应变能力，以确保表演的质量和效果。

4. 创造完美表演

编导需要开展舞台合成工作。这项工作要求编导具有良好的协调能力，知道如何将所有的元素（包括模特、服装、灯光、音乐、道具等）有机地结合起来，创造出一个完整的舞台表演。

在服装表演中期编导阶段，服装分配是一项复杂而重要的工作，需要编导具备深厚的专业知识基础和丰富的实践经验。

（五）彩排指导

在着装、化妆、音乐和灯光配合的条件下，服装表演编导指导模特进行舞台合成的彩排，根据彩排结果进一步调整和优化。在彩排指导阶段，编导需要考虑以下几个方面。

1. 着装

编导需要确保所有模特都穿着合适的服装，这样才能更好地展示服装的设计和风格。同时，编导需要考虑服装的舒适度和耐用性，因为如果模特穿着不舒服或者服装质量不好，就会影响到整个表演的效果。

如果在彩排中发现有服装不合适或者有瑕疵，编导需要及时与服装设计师沟通并进行调整。这可能包括调整服装的尺寸、修改服装的设计、更换服装的材质等。编导需要确保所有的服装都能满足表演的需求，同时要考虑到模特的感受和舒适度。

模特的着装不仅需要符合设计要求，还需要符合整个表演的主题和风格。编导要根据服装设计师的设计理念以及整个表演的主题和风格来选择合适的服装。同时，编导要考虑到模特的身材和气质，选择最适合他们的服装。

由此可见，服装表演编导在模特的着装上需要花费大量的时间和精力。他们需要确保所有服装都能满足表演的需求，同时要考虑到模特的感受和舒适度。只有这样，才能让服装表演达到最好的效果。

2. 化妆

在服装表演中，模特的妆容是至关重要的，它能够突出服装的特点，增强模特的气场和表现力。因此，编导在选择模特和设计妆容时，需要考虑到服装的特点和风格。首先，编导需要根据服装的设计风格和主题，选择适合的妆容。其次，编导需要考虑妆容的持久性和适应性。在服装表演中，模特需要在舞台上长时间保持妆容，因此妆容要有足够的持久性。同时，模特在表演过程中可能会出汗或者接触到化妆品，因此妆容要有良好的适应性，能够抵抗这些因素的影响。最后，编导需要确保所有模特的妆容都符合设计要求。如果发现有妆容不合适或者有瑕疵，编导需要及时与化妆师沟通并进行调整。这不仅能够保证模特的妆容质量，还能够提高服装表演的整体效果。

3. 音乐

编导在选择音乐时，需要考虑音乐与服装和妆容的配合，以及音乐的节奏和情绪。音乐的风格、节奏和情绪应该与服装和妆容的设计理念相吻合，以增加表演的流畅性和感染力。如果发现音乐不合适，编导需要及时与音乐制作人沟通并进行调整。总的来说，编导需要非常谨慎地选择音乐，以确保音乐与服装和妆容匹配，同时需要考虑音乐的节奏和情绪。

4. 灯光

编导需要确保灯光与服装和妆容匹配，考虑灯光的强度和颜色，并在发现问题时及时与灯光师沟通；应根据服装的颜色、质地和款式，以及妆容的颜色和风格选择灯光，以突出服装的质感和深度、清新和明亮、协调和统一；应合理调整灯光的强度和颜色，以避免观众感到刺眼或看不清服装和妆容。编导需要明确表达自己的想法和需求，同时需要尊重灯光师的专业意见，只有通过双方的共同努力，才能创造出最佳的灯光效果。

在彩排过程中，编导需要密切关注模特的表现，如果发现有模特动作不协调或者表情不自然，编导需要及时进行指导。同时，编导也需要关注观众的反应，如果发现观众的反应冷淡，需要及时进行调整。通过彩排，编导可以发现并解决很多问题，从而确保服装表演成功。

三、后期编导阶段

在这个阶段，服装表演编导主要着重于演出的呈现和总结。编导需要指导、管理和协调各个部门，要密切配合，以确保演出完美呈现。这个阶段也是对编导、演职人员和整个团队的考验，他们需要向观众和主办方展示合格的表现。编导的主要任务在于监督和协调演出。编导要监督模特对演出内容的表达情况，协调音乐、灯光等剧务部门，并检查切换的准确性及流畅性，以确保工作任务完美完成；要预见演出中可能出现的问题，并提前安排，以便现场应急处理。每场表演结束后，要及时提供反馈与总结，以保证后期的演出效果并积累经验，为未来的工作打下基础。同时，编导还需要做好收尾工作的组织，注意不损坏设备，整理演出服装和物品，避免丢失，以备后续使用。这三个阶段就是编导工作的整个过程，为后续工作奠定了基础。

第四节　服装表演编导的综合素质

编导是服装表演的指导者和组织者，他们负责整个演出的策划和编排，确保整个演出的流程和效果达到预期的目标。编导不仅要有扎实的专业知识和技能，还要有丰富的艺术修养和创意思维能力。

在整个表演过程中，编导需要深入了解演出主题，从中发掘出最具表现力和创新性的服装表演元素。他们需要根据演出的需要，选取适合的服装、道具和音乐等元素进行组合和串联，以营造出独特的舞台效果。同时，编导还需要与服装设计师、舞台美术设计师等其他团队成员紧密合作，确保表演的各个方面协调一致。

服装表演编导的作用是不可忽视的。他们的专业素质、艺术修养和创作能力直接决定着整个表演的质量和效果。一名优秀的编导能够将服装表演提升到更高的艺术境界，给观众带来更好的视听享受。

一、编导的专业素质

专业素质对于成功完成服装表演编导工作至关重要。专业素质可使编导在创作和组织服装表演时更具竞争力和专业性。

（一）专业知识

编导成功创作服装表演作品需要掌握多方面的专业知识，从服装设计到舞台表演、模特走台、舞台美术设计、音乐、灯光运用等各个方面都需要具备一定的能力，并能够将其融入表演中。

1. 舞台表演

舞台表演包括舞蹈、戏剧、杂技等舞台表演形式，都可以为服装表演编导提供新的灵感和创意。例如，舞蹈可以帮助编导设计出更富有动态和表现力的服装，戏剧可以帮助编导设计出更富有故事性和角色性的服装，杂技可以帮助编导设计出更富有挑战性和创新性的服装。作为服装表演编导，需要熟悉和掌握各种舞台表演形式的知识，以便将表演与服装设计有机结合，创造出更具艺术性和观赏性的服装表演。

2. 模特走台方式与编排

编导在设计模特走台方式时，需要深入了解模特的个性、气质和形象特征，理解表演的风格，并不断创新，设计出独特而出彩的走台方式。同时，编导还需要不断地练习和调整，与模特、设计师、音乐人、灯光师等进行良好的沟通和合作，以达到最佳的效果。例如，编导可以与模特讨论他们最舒适的走台方式、与设计师讨论服装的设计、与音乐人讨论音乐的风格、与灯光师讨论灯光的设置等，将模特的走台方式与音乐、灯光、道具等元素相结合，创造一种全新的走台效果。

3. 舞台美术设计

舞台美术设计是服装表演编导的重要组成部分，它直接影响表演的整体效果和观众的视觉体验。因此，编导需要具备一定的美术设计和工程制图知识。首先，编导需要了解美术设计的基本原理和技巧，包括色彩搭配、空间布局、造型设计等，以创造出符合表演主题和风格的舞台效果。其次，编导需要了解工程制图的基本知识，包括平面图、立面图、剖面图等，以确保舞台设计的可行性。最后，编导需要确保舞台整体风格与表演风格协调一致，以创造出最佳的表演效果。总的来说，服装表演编导需要对舞台美术设计有一定的了解，才能提出具体的设计要求，审定设计效果，确保舞台的整体风格与表演风格的协调一致。

4. 音乐知识

编导的音乐造诣对作品的艺术特色有直接的决定性影响。一位具备较高音乐造诣的编导具有广泛的音乐知识和较高的音乐理解能力，能够对音乐元素进行深入分析和把握，从而营造出符合作品需要的音乐氛围。

编导还需要了解音乐的编辑和制作过程。音乐在影视作品中起到重要的表现和衬托作用，通过音乐的选择、编辑和制作可以更好地突出情绪和氛围，增强舞台的视觉效果和观赏性。因此，编导需要与音乐编辑和制作人员密切合作，确保音乐与表演风格契合，达到最佳的艺术效果。

5. 灯光运用

编导需要精通舞台布光的各种方式和灯光效果，要考虑到舞台上的不同区域和人物的位置，并根据需要进行调整和改变，以便在舞台表演中恰当地运用灯光烘托气氛，达到最佳的表演效果。

在舞台表演中，编导需要通过调整灯光的亮度、颜色、运动和特技，创造不同的照明层次和氛围。同时，编导还需要考虑服装和音乐的特点，选择合适的灯光配合。灯光的运用是服装表演中不可或缺的一部分，能够增强表演的视觉效果，提升观众的观赏体验。

（二）理解能力

服装表演编导的理解能力是指他们对服装表演艺术的深入理解和把握能力。这使他们能够创造出富有创意和艺术性的服装表演作品。

1. 了解服装的内涵

在表演过程中，编导需要了解服装的内涵，包括服装对演员形象塑造、角色定位和情感表达的影响。编导还需要了解时尚趋势和流行元素，以及各种不同风格的服装设计，从而能够根据演出的需求进行创作和选择。此外，编导还需要具备对服装材质、色彩、剪裁和搭配的理解，以便从细节上塑造角色形象和表达特定的情感和主题。

2. 具有把控能力

编导需要具备对表演和舞台视觉效果的整体把握能力，以便能够将服装与舞台设计、灯光、音乐等元素相协调，创造出具有艺术感和冲击力的视觉效果。

编导需要具备深入理解服装设计、舞台设计、灯光设计和音乐的能力，同时还需要有创新思维和良好的沟通协调能力，以确保服装表演顺利进行。此外，编导还需要有执行力，能够将创意转化为实际的服装表演，以满足观众的期待。

3. 掌握模特的特点

在服装表演中，编导需要掌握每位模特的特点，尤其是身材、气质、个性特点，以及表演能力和经验，只有了解模特的特点，编导才能指导他们在表演中展示服装的特色，充分发挥他们的潜力，从而实现模特与服装的完美结合。

4. 理解主办方的意图

在编排演出过程中，服装表演编导需要充分了解主办方的意图和要求。他们需要和主办方进行充分沟通，了解他们的预期目标和期望结果。这样可以帮助编导更好地理解主办方的需求，并将其转化为具体的演出内容。服装表演编导是演出方和主办方之间的桥梁和纽带。他们通过与主办方和演出方紧密合作，将主办方的意图转化为具体的演出内容，并与演出方共同努力，使演出更加完美和成功。

（三）“编”与“导”的能力

在服装表演的编导工作中，“编”与“导”的能力都是非常重要的。

1.“编”的能力

“编”的能力体现在服装表演编导工作的各个阶段，包括前期的艺术构思和准备，以及中期的编排工作。在编排过程中，需要运用形象思维和空间联想能力，综合考虑演出活动的各个方面，以突出服装为总体原则进行编排。编导应该具备丰富的生活经验，追求创新的思想意识，具备独特的创意和构思能力，将对生活的感悟和对艺术的追求转化为创作的灵感，通过自己的艺术技巧将服装转变为生动的艺术形象展现给观众。

2.“导”的能力

“导”作为演艺团队的核心，需要具备导演方面的能力，以实现艺术构想的转化和完美呈现。编导需要将抽象的艺术构想转化为具体的现实场景和表演，需要能够将自己的想法转化为现实可行的方案，并与团队成员协作实现。编导工作涉及多个领域，如舞美设计、表演指导、音效控制等。编导要能够组织和协调团队成员的工作，确保各环节顺利进行，同时能够与各个职位的专业人员有效沟通，达到协同合作的目的。因此，他们需要具备跨领域的知识和技能，并能够熟练运用这些技能来实现最终的演出效果。

（四）创新意识

创新意识在服装表演编导的工作中至关重要。作为一名编导，需要具备创新思维和能力，以设计出别具一格的服装表演。编导者的创新意识能够为表演注入新鲜的元素和创意，使得表演更具吸引力和独特性。他们可以通过不断求新求变，不断突破传统的限制，开创出全新的表演形式和风格，为观众带来不同凡响的体验。

1. 创新舞台设计

服装表演编导可以通过创新的舞台设计来打破传统的舞台布置，能够营造出独特而引人注目的舞台效果，提升表演的视觉冲击力（图2-10）。

图2-10　2020芬迪品牌秀场

2. 创新音乐选择

服装表演编导可以挑选与表演主题相契合的非传统音乐，通过音乐的节奏和情绪表达来增强表演效果；可以尝试结合不同风格的音乐，打造独特的音乐背景，为表演增添层次感。

在表演时，音乐的选择是至关重要的。编导需要根据表演的主题和服装的风格来选择合适的音乐。例如，如果表演的主题是“未来”，可以选择电子音乐或实验音乐，以表现未来感；如果主题是“复古”，可以选择爵士乐或摇摆乐，以表现复古感。此外，编导还可以尝试结合不同风格的音乐，打造出独特的音乐背景，如将古典音乐和摇滚音乐结合，或将东方音乐和西方音乐结合。在选择音乐时，还需要考虑音乐的节奏和情绪表达是否与表演的主题和服装的风格相契合，以增强表演效果，使表演更加生动和有趣。

3. 创新表演形式

创新的表演形式对于服装表演编导来说是非常重要的，可以尝试融入当代艺术表演方式，为观众带来全新的视觉和触觉体验，以提升观众的参与感和沉浸感。

（1）融入当代艺术表演方式。服装表演编导可以尝试将当代艺术表演方式融入服装表演中，如舞蹈、戏剧、音乐剧等。这样不仅可以提升服装表演的观赏性，还可以创造出更多元化的表演效果。

（2）创新服装展示方式。服装表演编导可以尝试创新服装展示方式，如通过投影、灯光、特效等手段，让服装在舞台上呈现出更加生动、立体的效果，同时也可以提升观众的观赏体验。

（3）创新服装与人体的结合方式。服装表演编导可以尝试创新服装与人体的结合方式，如通过服装设计，让模特在舞台上呈现出更加自然、流畅的动作。

（4）创新服装与环境的结合方式。服装表演编导可以尝试创新服装与环境的结合方式，如通过服装设计，让模特在舞台上与周围的环境形成有机的结合。这样不仅可以提升服装展示的创意性，还可以使服装与环境相辅相成，共同营造出一种独特而令人难忘的视觉效果。

（5）创新服装与音乐的结合方式。服装表演编导可以尝试创新服装与音乐的结合方式，如通过服装设计，让模特在舞台上与音乐形成有机结合。这样可以打造出独特的视听效果，让观众在欣赏服装表演的同时，也能感受到音乐的魅力。

二、编导的工作能力

服装表演编导除了具备必要的综合素质，还需要具备创意能力、视觉表达能力、策划能力、团队协作能力，以及创新意识和适应性等多方面的工作能力，以能够成功地组织和呈现服装表演。以下是一些重要的工作能力。

（一）创意能力

服装表演编导能够提供有创意且独特的概念和主题，并将其转化为具体的表演节目。创新和独特的创意是吸引观众注意力和赞赏的关键。

服装表演编导的创意能力主要体现在以下五个方面。

1. 主题设定

编导需要根据市场趋势、时尚潮流和品牌定位，设定吸引人的主题。例如，环保主题、未来科技主题、复古风格主题等。

2. 艺术设计

编导需要对服装、道具、布景等进行艺术设计，使其与主题相匹配，创造出独特的视觉效果。

3. 表演编排

编导需要设计出独特的表演流程，包括模特的走秀方式、音乐的选择、灯光的运用等，以增强表演的吸引力。

4. 故事讲述

编导需要通过服装和表演，讲述一个有深度的故事，让观众在欣赏服装的同时，也能感受到故事的魅力。

5. 创新思维

编导需要具备创新思维，不断尝试新的设计理念和表演方式，以保持表演的活力和新鲜感。

服装表演编导的创意能力是其成功的关键，只有通过不断创新和尝试，才能打造出引人注目的服装表演。

（二）视觉表达能力

服装表演编导需要具备良好的美学眼光和设计能力，能够准确捕捉和传达服装的时尚风格和审美价值，并通过衣着、配饰、化妆等因素，达到准确传达主题和情感的目的。

服装表演编导的视觉表达能力是其工作的重要组成部分。他们需要能够理解和欣赏各种服装的设计和风格，以及它们如何反映时尚趋势和审美价值。他们还需要能够将这些理解和欣赏转化为具体的视觉表现，通过服装、配饰、化妆等元素，准确地传达出表演的主题和情感。

这种能力需要通过长期的学习和实践来培养。首先，服装表演编导需要对时尚有深入的理解和研究，包括了解各种服装的设计理念、风格特点、流行趋势等。其次，需要具备良好的审美眼光，能够从众多的服装中挑选出适合表演的服装。最后，编导需要具备良好的设计能力，能够根据表演的主题和情感，设计出最能表达这些内容的服装和配饰。

（三）策划能力

服装表演编导要能够制订全面而系统的表演计划，包括预算、时间管理、演出场地选择等。同时，编导也需要在考虑观众需求和市场趋势的基础上，合理安排和组织表演内容。

编导需要有丰富的创意，能够设计出新颖、独特的表演主题和内容；有良好的组织协调能力，能够合理安排表演的各个环节；有良好的预算管理能力，能够合理分配预算；有良好的时间管理能力，能够合理安排表演的时间；有良好的场地选择能力，能够选择合适的演出场地；有良好的市场分析能力，能够根据市场趋势和观众需求调整表演的内容和形式；有良好的观众互动能力，能够通过表演吸引和留住观众，提高观众的满意度和忠诚度。

（四）团队协作能力

服装表演编导要能够与服装设计师、模特、化妆师、音响师、灯光师等不同领域的专业人士合作，形成高效的团队合作。编导良好的沟通和协调能力对于确保表演顺利进行至关重要，还需要领导团队，管理好工作时间，解决团队在工作中遇到的各种问题，以确保团队的工作能够按时、顺利进行。

（五）创新意识和适应性

服装表演编导要保持对时尚潮流和创新趋势的敏感性，同时能够灵活应对不同场景和要求，并根据具体情况进行调整和改进。

服装表演编导的工作需要具备创新意识和适应性，这是因为在时尚界，潮流和趋势的变化非常快，需要编导能够敏锐地捕捉到新的时尚元素和趋势，并将其融入服装表演中。同时，服装表演的场景和要求各不相同，需要编导能够灵活应对，根据具体情况进行调整和改进。

创新意识是服装表演编导的灵魂，只有具备创新意识，才能在众多的服装表演中脱颖而出，吸引观众的眼球。创新意识不仅体现在服装的设计和搭配上，也体现在表演的形式和内容上。例如，编导可以通过引入新的表演元素，如舞蹈、音乐、灯光等，提升服装表演的观赏性。

适应性是服装表演编导的基础，只有具备良好的适应性，才能在不同的场景和要求下，顺利地完成工作。适应性不仅体现在对时尚潮流和创新趋势的敏感性上，也体现在对表演场地、观众群体、表演时间等具体条件的适应性上。例如，对于不同的观众群体，可能需要设计不同的服装表演，以满足他们的需求和期待。

（六）组织能力

服装表演编导需要具备创新能力、沟通能力、细节把控能力、灵活应变能力、艺术修养和时间管理能力。他们需要有创新思维，设计出新颖独特的表演方案，同时不断学习新的设计理念和技巧，提升自己的创新能力；需要有良好的沟通能力，能够清楚地表达自己的想法和要求，同时也需要能够理解和接纳他人的意见和建议；需要有很强的细节把控能力，从服装设计、模特选择、舞台布置到灯光音响，都需要精心设计和安排，确保每一个细节都能达到最佳效果；需要有灵活应变的能力，因为在表演过程中可能会出现各种预料之外的情况，需要迅速做出反应，解决问题；需要有深厚的美学修养，能够理解和欣赏各种艺术形式，同时也能将这些艺术元素融入自己的作品中，提升作品的艺术价值；需要有良好的时间管理能力，能够合理安排时间，确保每一个环节都能在规定的时间内完成。

（七）时间管理能力

服装表演编导需要在时间管理上做出合理的安排，包括整个表演的时间安排、排练时间的安排、服装设计和制作的时间安排、应急计划以及与团队的沟通等。整个表演的流程、每个环节的时间长度和过渡时间都需要考虑，同时排练的时间应该足够长，以确保参与者能够充分理解和掌握表演的内容和技巧。服装设计和制作的时间也需要考虑到，包括设计时间、制作时间、试穿时间等。此外，还需要考虑到可能出现的突发情况，如服装出现问题、参与者生病等，需要有应急计划，以确保表演的顺利进行。与所有参与者进行有效的沟通，确保他们了解并接受时间管理的安排，同时定期检查进度，以确保所有工作都能按时完成。服装表演编导的时间管理能力，是确保表演成功的关键因素之一。

（八）沟通能力

服装表演编导需要与服装设计师、模特、化妆师等团队成员进行良好的沟通，以确保他们的工作能够满足编导的要求。他们需要清楚地表达自己的想法，同时也要理解设计师的设计理念，让模特理解角色，以及他们所需要传达的信息。编导需要与观众沟通，让观众理解他们的意图。总的来说，服装表演编导需要有良好的沟通能力，能够与各个团队成员进行有效的沟通，确保所有人都能理解并达到要求。

（九）现场控制能力

现场控制能力即能够掌控表演现场局面，并能迅速应对和处理突发事件或意外情况的能力。对于服装表演编导来说，拥有良好的现场控制能力至关重要。在表演现场，突发事件或意外情况随时都有可能发生，这需要编导具备冷静处理事态的能力，迅速分析和判断情况，并采取恰当的措施。同时，编导需要具备组织和规划能力。事前的规划和准备对于现场控制至关重要。编导需要预见可能出现的问题，并制订相应的应对方案。在表演现场，编导需要对整个演出进行组织和协调，将各个环节和元素有机地结合起来，确保表演的流畅和连贯。

（十）预见能力

服装表演编导的预见能力是指在表演编排过程中，能够预见和展望未来发展的能力。编导要具备对时尚潮流和趋势的敏锐感知，能够预见并研究未来的时尚趋势，以保持作品的时尚性和个性化；要具备市场分析和品牌意识，能够预见目标观众对服装设计的需求和喜好，并结合品牌形象进行创作，以满足市场需求；要具备对场景和灯光效果的预见能力。编导需要在工作过程中考虑到不同的舞台布置、灯光效果和模特的表演需求，作出预测和计划，以保证整个表演的效果和氛围符合设计意图；要对演员的身体素质和表演技巧有所了解，能够预见并指导演员的表演，以确保服装和表演的协调一致。

总之，服装表演编导的工作能力对于一场成功的表演来说非常重要，它能够使整个表演流程更加顺畅和高效，保证观众得到良好的观赏体验。这需要编导具备冷静的头脑、快速的反应能力、沟通协调能力以及组织规划能力。

思考题

1. 请详细阐述服装表演编导的作用与职责。

2. 做一名合格的服装表演编导需要具备哪些能力？这些能力在编导工作中是如何较好地体现出来的？

第三章

模特的化妆造型

PART 3

模特的妆型和发型是时装表演中不可忽视的重要元素。通过适当的化妆和发型设计，模特能够更好地展现服装风格，吸引观众的注意，引领时尚潮流。不同类型的服装需要相应的妆型和发型来搭配，模特需要根据时装的特点和风格做出相应的改变，以展示最佳效果。在整个表演过程中，模特不仅需要注意妆容的变化，还要根据舞台和灯光的变化做出相应的调整，以使整体形象更加协调一致，从而完美展现服装的魅力。

第一节 模特与化妆造型的关系

模特与化妆造型之间存在密切的联系。化妆造型是指为模特进行化妆、发型和服装搭配等，以展示出特定的风格和形象。模特是化妆造型的表演者和展示者，通过化妆造型能够将设计师、摄影师或品牌的意图传达给观众。同时，模特的面部特征、肤色、骨架等也会影响化妆造型的选择和效果。因此，模特和化妆造型师之间需要密切合作，了解和传达彼此的想法和要求，才能共同创造出理想的形象效果。

一、提升外观

化妆可以改善模特的外貌，让其拥有更好的肤色、轮廓和五官表现。化妆师通过使用彩妆、矫正和提亮等技术，能够使模特看起来更加漂亮、更具吸引力。

通过选择适合模特的服装和发型，也能够提升外观效果。合适的服装能够突出模特的身材优势，而适合的发型可以更好地展现模特的个性和魅力。

除了化妆、服装、发型，姿势和身体语言对外观也有很大的影响。模特应该学会正确的站姿和行走方式，从而展现出自信和优雅的气质。模特还可以利用手势和面部表情来表达自己的情感和形象。

另外，保持良好的卫生习惯和健康的生活方式也是提升外观的关键因素，如保持面部清洁、保持健康的饮食和充足的睡眠都能使人看起来更加健康和年轻。

二、强调特点

模特与化妆造型之间的关系是相互强调特点的。化妆可以通过突出模特的个人特征，使其在镜头前更加醒目。同时，模特的个人特点也可以指导化妆师选择合适的妆容和造型。

首先，模特的面部特征和个性是化妆师在设计妆容时的重要依据。化妆师会仔细观察模特的面部轮廓、肤色、眼睛、嘴唇等特征，并根据这些特点来选择合适的化妆方式。其次，模特与化妆造型的关系也受到角色和服装的影响。不同的角色或服装需要不同的妆容来凸显模特的特点。

三、塑造角色

模特与化妆造型之间存在着一种紧密的相互依赖的关系，它们共同致力于塑造角色的独特形象。化妆造型师凭借巧妙的技巧和创造力，将模特的外貌与角色的特质完美融合。

当模特踏上T型台或摄影棚时，一位经验丰富的化妆造型师会以细腻的手法为其上妆，同时会根据角色的要求来定制发型、服装和配饰。化妆艺术的运用不仅可以改变模特的外表，还能表现出角色的个性和心态，从而使观众能够更好地理解和感受角色的情感内涵。

模特作为艺术表演的载体，承载着化妆造型师的创意和期望。他们要通过精湛的演绎和自身的特质去诠释角色，使之栩栩如生。同时，模特还需要配合化妆造型师的指导，熟练掌握造型的要领塑造角色。他们可以通过表情、动作和姿态等方式，展现出与角色相符的身份认同和情感交流，使观众能够与角色产生共鸣。

化妆造型师通过出色的技艺和创意，为模特塑造出与角色相吻合的形象。而模特则以自身的特质和演绎能力来诠释角色，使之更加立体和生动。通过化妆和造型的完美配合，能够打造出令人难忘的角色形象，展现出多样的艺术魅力。

四、营造氛围

营造氛围需要良好的沟通、专业的技能、相互的信任和尊重，以及团队的合作精神。这样的氛围能够帮助模特和化妆师共同实现创作目标，呈现出最佳的妆容和造型效果，创造出特定的氛围和场景。通过使用特殊效果妆、特殊材料或特殊化妆技巧，化妆师可以改变模特的外貌，从而达到表达某种情感或营造特定氛围的目的。

模特和化妆师之间应该建立起信任和尊重的关系，这也是营造良好氛围的必要条件。模特需要对化妆师有信心，相信其能够为自己创造出最佳妆容和造型。化妆师则应该尊重模特的意见和自身特点，充分发挥模特的个人魅力，帮助其展现出最佳状态。

最后，创造氛围也需要团队合作的精神。除了模特和化妆师，还涉及摄影师、服装设计师等各方人员的合作。他们应该有一个共同的目标，并为了实现这个目标而通力合作。所有人都应该为营造一个和谐、专业、积极的工作氛围而拼尽全力。

五、与服装相协调

模特、化妆造型、服装三者之间应该注重整体风格的融合以及细节的描述。

（一）服装与化妆造型的整体风格

服装与化妆造型的整体风格至关重要。服装的选择应与表演的主题和风格相匹配。例如，优雅的晚礼服需以深色调为主，款式、材质也应体现优雅和高贵。化妆造型应与服装相呼应，如黑色服装可配金色、银色妆容，白色服装可配粉色、淡紫色妆容，红色服装可配金色、银色妆容，蓝色服装可配粉色、淡紫色妆容。只有服装与化妆造型相互呼应，才能更好地展现表演的主题和风格。

（二）强调服装和妆容的亮点

如图3-1所示，模特的妆容突出了其特点，强调了眼睛和嘴唇的表现。服装的设计和细节也与妆容相得益彰，突出了模特的身材和优势。

图3-1　中国国际大学生时装周——东北电力大学优秀服装设计作品发布的妆发造型

（三）服装和妆容的色彩搭配

如图3-2所示，模特身上的服装和妆容都采用了鲜艳明亮的颜色，使她成为场上的焦点。服装和妆容的色彩搭配使整体效果更加和谐统一。

图3-2 中国国际大学生时装周——东北电力大学优秀服装设计作品1

（四）细节的精致与完美

如图3-3所示，模特的妆容精致且细腻，服装的每一个细节都经过了精心设计和制作。整体效果令人惊艳，展示了模特和设计师对细节的重视。

图3-3　中国国际大学生时装周——东北电力大学优秀服装设计作品2

第二节 不同类型服装表演的妆容确定

不同类型的服装表演，无论是时装秀、舞蹈演出还是戏剧表演，都离不开精心设计的妆容。妆容并不仅是画在脸上的一层色彩，它能够完美衬托服装的风格和特点，塑造出角色的形象和氛围。所以妆容的确定对于每一场服装表演来说都至关重要。无论是明亮靓丽的彩妆还是低调朴实的自然妆容，每个类型的服装表演都有其独特的妆容要求和设计思路。下面将以不同类型的服装表演为例，来探讨妆容的确定过程和重要性。

一、发布会类型的服装表演

发布会类型的服装表演可分为两种类型。

一种类型的表演通常会有专业的化妆师团队负责设计和呈现妆容，他们会根据服装的风格和色彩搭配来打造与时尚趋势相符的妆容，妆容可能会强调服装的特点。如图3-4所示，粉色给人温柔之感，甜蜜且低调。玫瑰粉色很衬肤色，比起之前流行的马卡龙粉色更加百搭一些。

图3-4 2018伦敦时装周服饰流行色发布会

这种类型的表演通常会对妆容的持久性和适应性有较高的要求，因为演出过程中可能需要频繁变换服装。化妆师需要使用适合舞台表演的高保持度的化妆品，并且保证妆容在灯光下的视觉效果良好。

另一种类型是在设计师（品牌）服装发布会上，妆容的设计与服装相互呼应，共同展现出设计师（品牌）的风格和创意，表现出浪漫、前卫、高雅或抽象等不同的风格特征。这需要服装设计师与化妆师之间密切合作，服装设计师将自己的想法传达给化妆师，并通过化妆师的技巧将想法转化为实际的妆容效果。妆容不仅为了突出服装的特点，也为了展示设计师（品牌）的独特创意和风格（图3-5）。

图3-5　主题:视界·边界（设计师:丁洁）

二、竞赛类型的服装表演

竞赛类型的服装表演主要有两种，一种是服装赛事，另一种是模特赛事。

（一）服装赛事

服装赛事一般可以分为国际和国内两种级别。在比赛中，参赛选手自己设计服装，并提供相应的配饰。大赛组委会的主要职责是提供服装模特和表演场地，并按照参赛选手的设计将服装进行分类。一些我国举办的主要服装赛事有“益鑫泰”中国（国际）服装设计最高奖、“汉帛奖”中国国际青年服装设计师时装作品大赛、“大连杯”国际青年服装设计大赛、中国服装设计师生作品大赛、中国时装设计新人奖评选等。

在比赛中，服装赛事类表演的妆容应该与服装相呼应，体现出整体的统一感。但是，考虑到不可能每个系列服装都换一种妆容造型，因此只能根据服装比赛的不同类别进行适当的区分。例如，展示实用类服装时，整体造型应该更加自然和谐。这意味着妆容和发型应该简洁、轻盈，强调自然美。可以选择柔和的妆容和简单可爱的发型，以展现服装的实用性。在艺术性较浓的参赛作品中，妆容和发型可以夸张一些，以渲染出艺术氛围，如可以运用浓烈的色彩，勾勒出夸张的轮廓，或者尝试一些非传统的发型设计，以突出服装的艺术性和个性（图3-6）。

图3-6 中国榆林羊绒服饰设计大赛总决赛

总而言之，在服装设计大赛中，妆容和发型的选择应该与服装风格相呼应，并根据不同比赛类别来适度区别。无论是追求自然和谐还是夸张艺术，都要在整体上与服装相得益彰，不能喧宾夺主，要充分展现出服装设计的美感和创意。

（二）模特赛事

在模特赛事进行定妆时，应该准确捕捉到每位参赛模特的个性特点，并在整体设计中保持自然。需要确保整体妆容风格的一致性，同时还要充分展现每位模特的独特之处。如果条件允许，可以在换装时为模特进行简单的发型变化，或添加一些个性化的配饰，以突出其特点。关键在于通过化妆和造型来展示每位模特独特的魅力，使他们在整体中脱颖而出（图3-7）。

图3-7　许嘉航荣获2022世界模特大赛中国总决赛冠军

三、促销类型的服装表演

促销类型的服装表演需要以商业为导向，通过服装设计和表演效果突出产品特点，吸引目标市场的注意力，促进产品销售（图3-8、图3-9）。

在选取服装促销类妆容时，应以清新淡雅的色彩为主，特别是橘色能够体现自然感。对于眼妆，可以选择晕染的技法，以单色或多色眼影结合渐变技巧来打造效果。无论是短发还是长发，在发式上应选择表现随意清爽的样式，给人简洁时尚的印象。这样的整体搭配能够给消费者带来和谐悦目的视觉感受，符合促销类服装的定位和目标群体需求。

图3-8　中国国际服装服饰博览会1（上海）

图3-9 中国国际服装服饰博览会2（上海）

四、文化娱乐类型的服装表演

文化娱乐类型的服装表演通常在酒店、文化宫、剧院等场所举行。近年来，越来越多的企事业单位和院校也在其文艺晚会中安排服饰展演环节。在选择服装时，需要同时考虑文化娱乐性、活动主题和活动形式。所选服装应具有一定的审美特点和娱乐色彩，包括新颖别致的款式、夸张的造型和鲜明的色彩。这样的服装能够营造艺术氛围，将观众带入服装艺术的世界。在展示服装的可穿性上可以适度放宽考虑，也可以配合道具来编排，还可以采用生活化、情景式或舞蹈化的表演方式，增加服装表演的趣味性。

进行化妆造型设计需要了解表演的主题和角色需求。这包括角色的性格、时代背景、特点等。通过深入了解表演，可以更好地理解角色所要展现的形象和氛围；在进行化妆造型设计前，尽量把握妆容重点、颜色搭配、眉型、眼影、唇妆等关键要素，以确保整体的协调与一致。对于华丽、浓重的服装，可以选择较为繁复、饱和度较高的妆容；对于简约、清新的服装，可以选择淡妆或自然妆容，以突出服装的设计（图3-10、图3-11）。

图3-10 中央电视台春节联欢晚会时装走秀《山水霓裳》1

图3-11 中央电视台春节联欢晚会时装走秀《山水霓裳》2

思考题

1. 化妆造型对一位登台走秀的模特而言，其重要意义在哪里？
2. 试论如何针对不同类型的服装表演来确定模特的妆容。

第四章

表演的饰品与道具运用

PART 4

表演的饰品与道具的运用在剧场和舞台艺术中扮演着重要的角色。它们不仅是美化舞台和角色形象的装饰品，还能通过细致的安排和运用，增强舞台表演的效果和情感表达。从舞台装置到角色扮演，从氛围营造到观众情感引导，饰品和道具在表演过程中起到了多重的作用。通过巧妙设计和灵活运用，它们不仅能够帮助演员更好地扮演角色，还能够突出剧目的主题和特点，制造戏剧性效果。本章将探讨表演的饰品与道具的运用，旨在更好地了解并欣赏这一舞台艺术中重要的元素。

第一节　饰品运用

服装表演的饰品对于展示和丰富服装设计的细节和整体效果起着至关重要的作用。无论是舞台表演、时尚秀场还是影视剧拍摄，饰品都是装扮角色或模特的重要元素之一。从头饰、项链、手镯到戒指、腰带等，每一个小细节都能够在服装表演中引发独特的视觉冲击力和气场。饰品不仅能够突出服装的风格和主题，还能够展示角色的个性和情感。因此，正确选择和使用适当的饰品，可以为服装表演注入更多的魅力。

一、头饰

服装表演中的头饰是一种重要的装饰物，可以为服装增添独特的风格和个性。头饰的种类繁多，包括帽子、头巾、发饰和头饰配件等。

（一）帽子

帽子是最常见的头饰之一。不同的帽子款式可以呈现出各种不同的风格，如贝雷帽、礼帽、军帽、盖头帽等。帽子不仅可以保护头部，还能突出服装的整体效果，使表演者更具魅力和个性（图4-1）。

图4-1　中国国际大学生时装周——东北电力大学优秀服装设计作品发布会1

（二）头巾

头巾是一种常见的头饰。头巾有各种不同的材质、颜色和款式，可以通过不同的打法和系法展现出多变的效果。头巾可以搭配不同的服装，使整体造型更加丰富、有趣。

在乌鲁木齐市德汇国际服装城举行的第二届亚欧丝绸之路服装节上，新疆著名服装设计师、库尔勒楼兰制衣有限责任公司总经理陶陶发布了一场“情系楼兰”的时装发布会。她从楼兰故城出土的服饰中汲取灵感，将古老的服装与现代时尚理念进行嫁接，为在场观众展示了一场辉煌的时装盛宴（图4-2）。

图4-2 “情系楼兰”时装发布会（设计师：陶陶）

（三）发饰

发饰也是服装表演中常用的头饰之一。发饰可以是发箍、发夹、发圈、发卡等形式，可以点缀发型，衬托面部轮廓，或者在发饰本身上加入装饰物，以增加服装表演的特色和亮点（图4-3）。

图4-3 中国国际大学生时装周——东北电力大学优秀服装设计作品发布会2

（四）头饰配件

除了帽子、头巾、发饰外，还有一些头饰配件，如发冠、发带、发链等，可以为发型增添层次感和装饰效果。这些头饰配件通常是以珠宝、花卉、羽毛等作为装饰，使整体造型更加华丽和精致。

服装表演中的头饰是一种重要的装饰物，可以为服装搭配增添独特的风格和个性。头饰的多样性使得表演者有更多的选择，以展现不同的时尚和艺术效果（图4-4）。

二、项链

在服装表演中，项链是一种常见的配饰。项链的设计和选择可以在服装表演中起到很大的作用，能够突出服装的风格和个性。

（一）项链可以衬托服装的颜色和款式

通过选择合适的项链搭配，可以更好地突出服装的色彩，让服装更加鲜明、有亮点。例如，如果服装是黑白色调的，那么可以选择一条彩色宝石项链，增添亮点。如果服装是简约风格的，那么可以选择简单而精致的项链，突出服装的干净利落感。

（二）项链可以突出服装的风格和主题

不同的项链设计和材质，代表着不同的风格和个性。例如，选择一条大胆夸张的金属链条项链，可以为服装增添摇滚或者街头风格。而选择一条细腻且充满浪漫感的珍珠项链，则可以为服装带来优雅和女性化的气质。

图4-4　中国国际大学生时装周——东北电力大学优秀服装设计作品发布会3

（三）项链可以根据表演场合和主题进行选择

对于正式的场合，可以选择一条闪耀的珠宝项链，展现出豪华和高贵感；对于休闲的场合，可以选择一条带有趣吊坠的链条项链，以增添活泼和俏皮的感觉。

（四）项链长度和形状的选择

短项链可以凸显颈部的纤细和修长感，适合露出颈部的服装，如露肩装或者V领上衣；长项链可以起到延伸身材比例的作用，适合搭配高领或者宽松款式的服装。

项链作为服装表演的配饰之一，在衬托服装颜色和款式、突出风格和个性、适应不同场合和主题等方面都发挥着重要的作用。选择合适的项链，能够让服装更加完美、出彩（图4-5）。

图4-5　中国国际大学生时装周——东北电力大学优秀服装设计作品发布会4

三、手镯

图4-6 2019秋季时装发布会

手镯是戴在手腕上的一种配饰。手镯通常由金属、皮革、珠宝或其他材质制成，形状和款式多样。

在服装表演中，手镯可起到凸显服装和整体造型的作用。它们可以与服装的风格、主题和颜色相匹配，以增添装束的亮点和层次感。手镯的大小、形状和材质也可以根据表演的需要来选择，以达到视觉上的平衡和谐。

手镯是服装表演中的重要配饰，它可以通过形状、大小、材质和搭配等多种因素来凸显整体造型的风格和主题。手镯不仅可以增强表演的视觉吸引力，还可以通过触感等感官体验来丰富表演的层次感和体验效果（图4-6）。

四、戒指

戒指作为一种装饰品，可以有效地增添演员的形象元素和舞台效果，使整个服装表演更加生动和丰富。

（一）戒指可以作为服装的点缀

在服装表演中，戒指可以使演员的手部动作显得更加丰富多样，增强表演的美感。通过选择不同的戒指款式、颜色和大小，可以为演员的角色塑造提供更多可能性。例如，一枚精致的钻戒可以突出女主角的高贵和优雅，而一个大胆的摇滚风格戒指则可以凸显男主角的个性和魅力。

（二）戒指可以被用作表演的重要道具

在一些特定的场景或剧情中，戒指的使用可以为表演增加戏剧性和张力。例如，一个神秘的密探角色可能会使用含有微型摄像头的戒指来搜集情报，一个恶棍角色可能会使用带有毒液的戒指来威胁其他角色。这些戒指的出现可以为表演增添悬念和情节。

（三）戒指承载着剧情和情感的象征意义

在某些剧情中，戒指可以代表爱情、忠诚、权力等重要意义。例如，在婚礼场景中，新郎为新娘戴上婚戒，象征着两人的誓言和承诺；在权力斗争的剧情中，戒指可能被视为象征权威的宝物。这些意象的运用可以增强观众对故事情节的理解和共鸣。

服装表演中的戒指不是简单的装饰品，而是承载着更多的角色和功能。通过巧妙运用戒指的款式、使用场景和象征意义，可以使服装表演更加精彩、生动和有深度（图4-7）。

图4-7　陈闻时装发布会1

五、腰带

腰带是一种用于增强衣着效果并经常用于展示服装的装饰品。它不仅能增加服装的层次感和亮点，还能调整衣服的整体比例和塑造出更好的身材曲线。腰带在服装表演中扮演着重要的角色，具有连接上、下身装饰的作用，将服装元素融为一体，同时也能够突出服装的设计元素或者突出重要的个人特点。

腰带可以有不同的材质和设计，如皮革、布料、金属链条等，也可以带有各种装饰，如钻石、珠子、流苏等。不同的腰带设计可以适应不同类型和风格的服装，可以是宽的或窄的、简约的或者华丽的。腰带的颜色也可以与服装相呼应或者形成对比，以达到更好的视觉效果。

在服装表演中，腰带的使用也需要注意技巧。腰带的位置可以根据服装设计的需要而有所变化，可以是高腰、中腰或低腰。在突出腰线的同时，腰带还可以使用不同的系法，如打成蝴蝶结、打成腰带结或者简单的系法等，借此增加装饰效果。同时，选择合适的腰带长度也很重要，太长或太短都有可能影响整体效果。

腰带在服装表演中的作用是多样的。它不仅可以衬托服装的款式和设计，还能够突出个体的腰身，增添优雅感和时尚感。腰带也可以用于修饰身材缺陷，如拉长身材、修饰腰围或掩盖腰部的不完美等。此外，腰带还可以将不同风格元素融合在一起，以展现出独特的时尚风格（图4-8）。

图4-8　陈闻时装发布会2

六、围巾

围巾是一种常见的服饰配件，常用于保暖或装饰。在服装表演中，围巾可以起到多种作用。

（一）装饰作用

围巾可以给服装表演带来色彩变化和层次感，提升整体的美感。选择不同颜色、款式和材质的围巾，可以为服装表演增添丰富的细节和个性。

（二）平衡身体比例

围巾可以用来平衡身体比例，使表演者的体型更加匀称。通过巧妙地将围巾系在腰间或肩膀，可以调整上、下身比例，使得表演者的体态更加优美。

（三）增加动态感

围巾可以通过摆动、飘动等方式增加服装表演的动态感。在舞蹈或行走中，围巾随着动作的变化呈现出流动的效果，使得整个表演更有生命活力（图4-9）。

图4-9　2024春夏系列新品发布会——朋克1279

（四）创造视觉焦点

围巾可以作为服装表演的亮点，吸引观众的目光。通过选用与服装搭配或对比鲜明的围巾，可以将观众的注意力集中到特定的位置，营造场面效果（图4-10）。

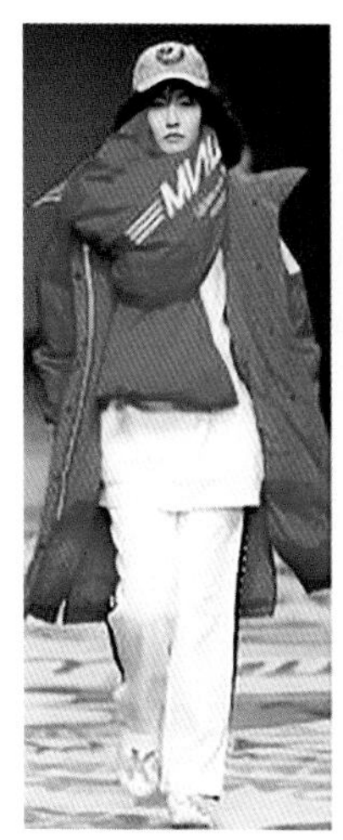

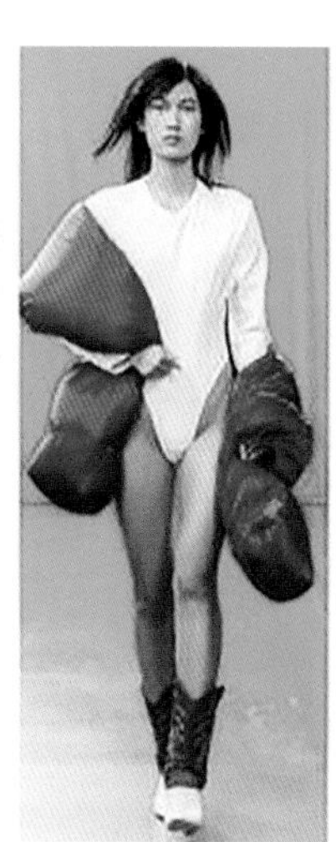

图4-10　2018/2019秋冬上海时装周女装新品发布

七、披巾

披巾是一种非常常见和流行的服饰配件，可以用于增加服装的风格和魅力。在服装表演中，披巾可以起到多种作用。无论是舞台上的表演还是在时尚秀场，披巾都是一个不可或缺的元素，为整场表演增添了魅力和视觉效果。

（一）披巾可以增加服装的层次感和纹理效果

选择具有丰富材质和图案的披巾，可以为服装添上一抹独特的色彩。例如，一条优雅的丝质披巾可以增加女性服装的亮点，而一条粗纺羊毛披巾则可以为男性服装增添阳刚之气。

（二）披巾可以打造不同的造型和风格

无论是复古风格、民族风格，还是时尚潮流，披巾都可以根据设计师和表演者的要求与服装搭配，营造出独特的氛围。例如，在舞台上，一条华丽且色彩鲜艳的披巾可以为表演者增添戏剧性和视觉冲击力。

（三）披巾可以强调服装的线条和剪裁

通过巧妙地折叠和系带，披巾可以突出服装的设计和轮廓，使得整个造型更加立体和有型。例如，在时装秀中，模特们常常会使用披巾来展示服装的流线型和流动感。

（四）披巾可以传达情感和故事

在一些特殊的服装表演中，设计师会通过披巾的色彩、图案和表演者的动作来表达某种情绪或讲述某个故事。披巾可以成为表演者的道具，用来传递情感和吸引观众的关注（图4-11）。

图4-11　盖娅传说品牌秀场

第二节 道具运用

服装表演的道具是指在舞台表演中用来装点或辅助演员形象、展示故事情节、增添舞台效果的物品。服装表演的道具在舞台上起着非常重要的作用，它们可以帮助观众更好地理解和欣赏表演内容，同时也能有助于演员的形象塑造。

道具的选择和使用能突出服装设计的主题和风格。通过在舞台上布置特定的道具，可以营造出与服装风格相符的场景和氛围，进一步加强服装设计所要传达的信息和情感。道具的色彩、形状、材质等特征也可以与服装进行呼应和对比，从而产生视觉上的冲击。通过巧妙地运用道具，设计师可以将服装设计的创意和理念通过舞台表演展示出来，引起观众的共鸣和体验。

一、包

服装表演中的道具之一就是包。包作为一种常见的生活用品，可以在服装表演中发挥很多不同的作用。

包作为服装的搭配，可以增加服装的整体效果。在舞台表演中，演员可以携带各种不同风格和材质的包，如手提包、背包等来和服装搭配。这样，包与服装的颜色、质地、款式等可以形成有机的统一，从而提升整体的视觉效果，使舞台形象更加丰富和立体。

（一）手提包

服装表演中的手提包是重要的配件之一，它不仅能够搭配服装，还能够展示设计师的创意和品牌形象。在服装表演中，展示手提包需要一定的技巧和注意事项（图4-12～图4-15）。

手提包的选择应与服装主题相一致。手提包的颜色、材质和款式应与服装整体搭配，以形成一种和谐的视觉效果。例如，如果服装的主题是复古风格，那么手提包可以选择古典款式，并使用相应的材质和颜色。

模特在展示手提包时需要注意姿势和动作，应该保持自然而优雅的身姿，避免过于僵硬或夸张的动作。模特可以选择将手提包放在手臂上、挂在肩部、靠在身体旁边或者直接拿在手中展示，注意不要遮挡手提包的外观和细节，以突出手提包的亮点。

1. 手提包放在手臂上

模特可以将手提包放在手臂上，轻轻地握住手提包的手柄。这样可以展示手提包的整体外观和材质。

2. 手提包挂在肩部

模特可以选择将手提包搭在肩上，手提包所在的一侧肩膀稍微下沉，以展示手提包的质感和形状。

3. 手提包靠在身体旁边

模特可以将手提包置于身体的一侧，让手提包靠近大腿或臀部附近以突出手提包的细节和装饰。

4. 手提包直接拿在手中

模特可以直接拿起手提包，轻轻地握住手柄或系紧提带，以展示手提包的结构和功能。

图4-12　2018春夏纽约时装周品牌秀场

图4-13　芬迪2015米兰春夏男装时装周发布会

图4-14 手提包1

图4-15 手提包2

（二）背包

在服装表演中，背包是一种常见的配饰，常用来携带物品并增添时尚感。背包的设计和选择在服装表演中起着重要的作用，它能够完善整体造型，展现个性风格。

背包的设计要与服装主题和风格相符。不同的服装表演有着不同的主题和风格，而背包可以作为一个与之相呼应的配饰。例如，在街头时尚表演中，背包可以选择潮流感强烈的款式，如印花图案、涂鸦风格等，与年轻人的街头风格搭配；在正式晚宴的服装表演中，背包可以选择更为优雅和奢华的款式，如皮质或针织材质的背包等，与正式场合完美搭配。

背包的大小和形状的选择也取决于服装表演的需要。如果服装表演需要大量的道具或物品，那么背包的容量就需要足够大，以便携带这些物品。而如果服装表演中的视觉重点在于服装本身，那么背包可以偏小一些，以免过于抢眼。

背包的颜色和材质要与服装搭配协调。颜色上，可以选择与服装相近或相对应的色彩，以形成整体呼应；材质上，可以选择和服装相似的材质，或者形成反差，以起到突出效果。例如，在搭配运动风格的服装表演中，背包可以选择运动面料或者帆布材质，以增添活力和年轻感。

背包的搭配要与模特的身材和形象相契合。应根据模特的身高、体型和风格选择合适的背包款式。较矮小的模特可以选择小巧轻盈的背包，以免显得臃肿；高挑的模特可以选择较大的背包，以保持整体的平衡（图4-16）。

图4-16　时装周发布会（设计师：黄刚）

二、伞

在服装表演中，伞的运用是一种常见的舞台效果，它可以通过各种形状、颜色和材质的伞来营造不同的氛围和元素，从而增加表演的艺术感和吸引力。以下将从舞台装饰、服装设计和意义传达三个方面阐述。

伞作为舞台装饰的一种元素，具有美化舞台环境的作用。在服装表演中，经常会使用大型伞来装饰舞台背景或悬挂在舞台上方，将伞的形状、颜色和材质与整体舞台布景相融合，营造出具有艺术效果的舞台氛围。通过合理地摆放伞的位置和数量，可以使整个舞台呈现出一种独特的视觉效果，增加观众的观赏乐趣。

伞的应用可以为服装设计和表演增添亮点。设计师可以将伞作为服装的一部分，将其与服装的形式、设计理念相结合，营造出独特的服装造型。例如，设计师可以利用伞的褶皱效果来打造特殊的裙摆，将伞柄进行改造，使其成为服装上的一种装饰。伞所带来的形状、颜色和纹理效果可以丰富服装的层次感，增加服装的美感和趣味性。

伞还可以传达表演的意义和主题。伞作为一种日常用品，在表演中可以引起观众的共鸣和情感回忆。伞的打开和合拢、挥舞与旋转等动作，都可以用来表达舞台中角色的心境和情感。例如，在舞蹈表演中，伞的运动可以象征雨的降临、风的吹动，给予观众一种视觉上的冲击和感知。同时，伞的形状和颜色也可以暗示表演的主题，如红色的伞象征热情和活力，蓝色的伞象征宁静和冷静。

服装表演中，伞的运用具有丰富的表演效果，它可以美化舞台环境、增添服装设计的亮点，同时传达表演的意义和主题。伞的形状、颜色和材质选择的不同，都会给表演带来不同的视觉和感官体验，为观众带来舞台艺术的享受（图4–17、图4–18）。

图4–17 巴黎时装周（盖娅传说·熊英）

图4–18 中国国际大学生时装周——东北电力大学优秀服装设计作品发布会5

三、扇子

在服装表演中运用扇子，可以通过其造型、色彩、动态和氛围等展示服装的特点和魅力。演绎者可以根据服装的风格和主题选择相应的扇子，并通过使用扇子的各种动作和技巧来增强表演效果，使服装更具视觉冲击力和艺术感。

扇子可以用来强调服装的造型和线条。演绎者可以利用扇子的展开、收起和旋转等动作来展示服装的立体感和流动感。例如，当演绎者展开扇子时，可以通过扇子的展开动作来凸显服装的宽度和张力；当演绎者收起扇子时，则可以强调服装的纤细感和曲线感。

扇子具有开合、摆动等动作，在服装表演中可以利用这些动作来展示服装的动态和活力。演绎者可以根据音乐的节奏和服装的风格来运用扇子，使得整个表演更具有戏剧性和视觉效果。例如，当演绎者进行华丽的舞蹈动作时，可以配合扇子的大动作来强调服装的飘逸感和舞动感。

扇子也可以用来营造服装的氛围和主题。例如，在古典风格的服装表演中，可以使用具有传统图案或文字的扇子，以传统文化的元素来点缀服装，营造出古典而优雅的氛围。而在现代时尚的服装表演中，可以选用具有创意和潮流感的扇子，以体现服装的时尚和个性（图4-19）。

图4-19　敦煌壁画时装秀

四、眼镜

在服装表演中，眼镜的运用是一种能够突出设计师创意并为整个服装造型增添独特个性与风格的元素。通过选择不同款式和形状的眼镜，设计师可以打造与服装相协调的整体形象，给观众带来一种独特的视觉感受。眼镜的展示在时尚界中扮演着重要的角色，为服装表演增添了更多的时尚元素和想象空间。

眼镜作为一种时尚配饰，可以突出设计师的创意。设计师通过选择不同的眼镜款式、形状和颜色，打造与服装相协调的整体形象。眼镜的展示能够突出服装的设计理念，并且为整个表演带来一种独特的视觉感受。无论是由著名设计师设计的高级时装秀，还是由新兴设计师呈现的时尚活动，眼镜的展示都能使整个服装表演更加生动和引人注目。

眼镜的展示可以为整个服装造型增添独特的个性和风格。不同款式的眼镜能够表达不同的个性特点。例如，方形眼镜可以呈现出硬朗和凛冽的形象，圆形眼镜则可以展现出温暖和友好的特质。在服装表演中，设计师可以根据不同的服装主题和风格而选择不同款式的眼镜，以使整体造型更具个性和识别度。眼镜作为一个小细节，可以为服装表演的模特赋予不同的角色和形象，从而使观众更加容易理解和接受设计师所要表达的概念（图4-20）。

图4-20　古驰米兰2018秋冬男女装时装发布会

五、球与球拍

在服装表演中，展示球和球拍需要通过服装、动作和道具等方面的呈现，使其与服装主题相互融合，打造出独特的时尚运动元素。

（一）穿着配套服装

模特可以穿着与球类运动相关的服装，如网球服装、篮球服装或高尔夫服装等，来配合球和球拍的展示。这种方式可以通过服装设计和配色来强调球类运动的特色，吸引观众的目光（图4–21）。

图4–21　2007/08秋冬“超越”时尚男士运动装发布会

（二）手持球拍

模特可以手持球拍，以展示球拍的外观和设计。他们可以通过各种姿势和动作来展示球拍的舒适度、握感和使用方法，同时也可以展示球拍的材质、颜色和细节（图4–22）。

图4–22　爱马仕2010春夏女装发布会

（三）手持球

模特可以手持不同种类的球，如篮球、足球、网球等，以展示球的外观和特征。模特可以通过运球、抛球或传球等动作来展示球的使用方法，同时也可以展示球的颜色、图案和品牌等信息（图4–23）。

（四）运动动作展示

模特可以进行一些球类运动的动作展示，如模拟网球击球动作、篮球运球动作、高尔夫挥杆动作等，以展现球和球拍的运动特性和使用方式。这样可以更加生动地展示球和球拍在运动中的实际效果。

图4-23 孙贵填时装发布会

例如，在2013年的维多利亚的秘密秀场上，卡拉·迪瓦伊手拿印有品牌Logo“VS”足球登台亮相（图4-24）。

（五）组合展示

模特可以通过组合球和球拍，展示球类运动的全套装备。例如，模特可以同时手持球拍和球，展示击球的姿势；或者将球拍靠在身边，手持球，在服装表演中营造一种动感和运动的氛围。

六、车

在服装表演中，模特与车的展示不仅可以为时装注入更多的动感元素，还可以创造更多的互动和故事性，为品牌带来更多的曝光机会和市场推广效果。这种展示形式不仅

图4-24 2013维多利亚的秘密“世界杯”发布会

能够吸引更多观众的关注，还能够使服装和汽车的品牌形象得到更好的宣传和展示。

汽车作为一种流行文化符号和时尚标志，常常与时尚产业相呼应。模特与车的组合展示可以将时装和汽车的优势相结合，通过动态的姿态和步伐，展现出时尚与动感的契合度。

模特与车的展示可以创造出更多的互动性和故事性。在表演中，模特可以与汽车进行互动，如靠近车辆、倚靠车身或打开车门等，这些互动动作可以增加观众的参与感，让观众更好地理解时装设计的概念和背后的故事，使整个表演更加生动、有趣。

模特与车的展示可以为服装品牌带来更多的曝光机会和市场推广效果。时装表演通常会吸引媒体和观众的关注，而模特与车的搭配展示也可以吸引更多的媒体报道，从而提高品牌知名度和美誉度。此外，一些汽车品牌也会主动与时尚品牌进行合作，通过模特用车的展示来增强品牌形象和宣传效果，实现双方的共赢（图4-25）。

图4-25 上海车展

总之，道具在舞台表演中的运用是十分重要的。通过合理地选择和使用道具，可以为服装表演增添气质和情调，突出服装设计的主题和风格，营造与服装相符的场景和氛围，增加演出的可观赏性和艺术性。同时，道具也为设计师和模特提供了更多的表现方式和空间，使他们能够更好地展示服装的特点和魅力，激发观众的情感共鸣和提高审美品位。

思考题

1. 服装表演的饰品有哪些？它们的作用是什么？
2. 服装表演的道具有哪些？它们的作用是什么？

第五章

舞台美术设计

PART 5

服装表演中的舞台美术设计是通过舞台布景、灯光效果和服装设计等多种手段，打造一个独特的舞台环境，让观众更好地理解剧情和角色，从而增强观赏效果和艺术感受。舞台美术设计在服装表演中扮演着重要的角色，为服装展示提供了一个完美的舞台。

第一节 舞台美术设计的功能

舞台美术设计在视觉上为观众创造出一个独立且具有艺术性的世界，通过布景、道具、灯光和服装等元素的完美协调，让舞台作品更加丰富、生动、有力，进而达到艺术表达的目的。

一、建立舞台的环境和场景

舞台美术设计在服装表演中起着重要的作用，通过布景和道具的安排和设计，营造出特定的环境和场景，可以帮助观众更好地理解表演的背景，进而加强舞台效果，让观众更好地融入表演中。

（一）表达主题和风格

舞台美术设计通过色彩、质感、形状等元素的选择和运用，可以增强舞台作品的主题和风格。美术设计可以以现实主义、抽象主义、象征主义等不同风格来表达作品的主题，创造出独特的视觉冲击（图5-1）。

图5-1 香奈儿的矿山秀场

（二）创造特定的地点和时期

通过布景和道具的选择，可以准确地表现出表演发生的地点和时期。例如，如果表演设定在古代中国的宫廷，可以使用具有中国传统元素的装饰和道具，以呈现出宏大而华丽的场景。

例如，巴宝莉品牌在具有一百多年历史的肯辛顿奥林匹亚展览中心举行了2020秋装发布会。秀场的布置非常大气、简约，但也是丰富的，T型台的镜面设计使模特走在上面仿佛在水上行走一般，有一点禅味，也有一点未来感（图5-2）。

图5-2　巴宝莉肯辛顿奥林匹亚展览中心2020秋装发布会

（三）营造特定的氛围和情绪

舞台美术设计可以通过颜色、材质和灯光等元素，营造出特定的氛围和情绪。例如，在浪漫的情节中，可以选择柔和的色调和温暖的灯光，以营造浪漫而温馨的氛围。

（四）展示人物个性和社会背景

舞台美术设计可以通过服装和道具的选择，来展示人物的个性和所处的社会背景。例如，在历史剧中，可以使用特定时期的服装和配饰，展示人物的身份和地位。

在2017秋冬高级成衣秀中，香奈儿直接在秀场内打造了一个火箭造型。配合本季服饰的外太空科技感，高达38米的香奈儿5号时尚火箭矗立在巴黎大皇宫内，罕见的壮观场面让来宾着实大吃一惊。在走秀接近尾声的时候，本以为只是摆设的火箭突然点火发射升空，冲破穹庐的气势让人惊叹不已（图5-3）。

图5-3　香奈儿2017秋冬高级成衣秀

（五）增强舞台效果和视觉冲击力

舞台美术设计与灯光、音效等因素相互配合，共同打造出舞台效果和视觉冲击力。合理的布景和道具，配合精确的灯光和音效，能够营造出逼真、有力的视觉效果，增加观众的沉浸感。

2018时尚深圳展5号馆秀场首次采用国际时装周顶尖舞台影像技术，全新推出极具科技感和视觉冲击力的360度圆形LED舞台，打造出极具风格艺术的沉浸式观秀体验，让观众全景感受不同的品牌所带来的独一无二的场景秀（图5-4、图5-5）。

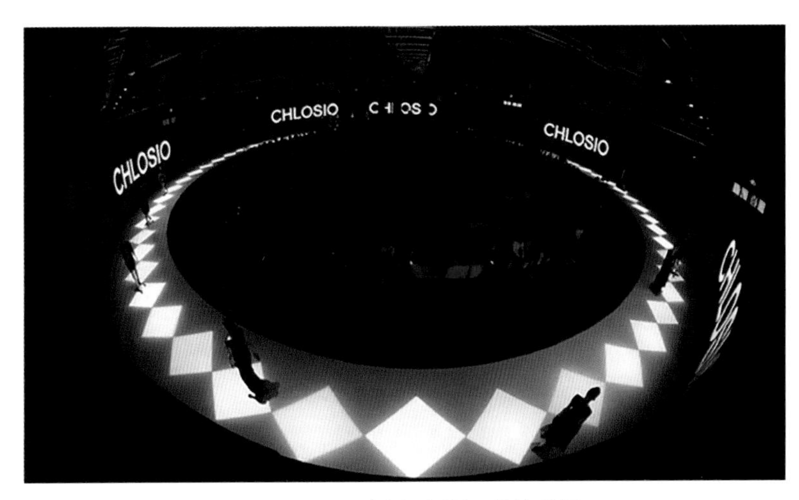

图5-4　2018时尚深圳展5号馆秀场1

图5-5 2018时尚深圳展5号馆秀场2

二、营造氛围

在舞台美术设计中，营造氛围是一个至关重要的目标。通过灯光、音乐、布景和服装等元素的选择和组合，舞台美术设计师可以创造出各种各样的氛围，向观众传达特定的情感和意境。

（一）灯光扮演着营造氛围的重要角色

通过不同光线的明暗、色彩的冷暖，舞台美术设计师可以打造出不同的氛围。例如，明亮的灯光可以创造出欢快、活跃的氛围，适用于喜剧或音乐剧等轻松愉快的场景；暗淡的灯光则可以营造出紧张、压抑的氛围，适用于悬疑或惊悚的剧情。

图5-6 尚衣下裳发布会

尚衣下裳（D.MARTINA QUEEN）发布系列以“妇好”战神为灵感，发布会现场特别放置了一匹由电影装置艺术创作团队共同打造的“战马”。采用一千多个金属零件连接作为“骨骼”、使用树脂外壳及亚克力等现代材料纯手工制作马身的战马，以当代艺术的思维和符号语言来设计，呈现一种未来感的机械结构样式，旨在引起古人与当下观众之间的对话，将古今文化连接（图5-6）。

中国美学《山海经》秀场。走进墨晗韵（MoHanYun）的秀场，氤氲缭绕夹杂着鸟鸣兽吠，来自远古森林的朝露与泥土芬芳扑鼻而来，脚踩绵密松软的嫩草，绕过神秘的水泽，置身于一处秘境，似乎真需要佩戴迷谷方可解惑。设计师兰天移步换景，展开了一幅国潮美学画卷，引《山海经》的神秘涤荡现代城市的喧嚣，以远古自然的笔触演绎了当代年轻人返璞归真的初心（图5-7）。

图5-7　中国美学《山海经》秀场

秀场上，黑暗中一束束强光燃起，模特们伴随着光芒、踩着铿锵的节奏鱼贯而出，白鹿语2023秋冬系列的炫酷秀场就此开启。“平和”“审视”“接纳”“治愈”四个系列徐徐展开，色彩起伏渐进，配合偏冷的灯光设计，呈现出一种冷峻的美学语言（图5-8）。

图5-8　白鹿语2023秋冬系列发布会

（二）音乐是营造氛围的重要手段

通过选择不同曲调、速度和音色的音乐，舞台美术设计师可以为观众创造出不同的情感和氛围。例如，悲伤的音乐可以让观众感受到剧情中的悲痛和忧伤；欢快的音乐则可以带给观众愉悦和兴奋的情绪。音乐和舞台动作的配合可以使观众沉浸在剧情中，加强对氛围的感受。

（三）布景和道具设计是营造氛围的重要因素

通过合适的背景设置和道具布置，舞台美术设计师可以为观众打造出真实的场景和环境。例如，在古代背景的剧目中，通过设置古代建筑的背景和使用适当的古代家具道具，可以营造出古代的氛围；在科幻题材的剧目中，通过使用具有未来感的布景和高科技的道具，可以营造出富有未来感的氛围。

中国国际时装周为大家呈现了青年潮流新势力——古由卡（GUUKA）首次亮相。古由卡以品牌态度“无奇不U”为大秀主题，梦幻秀场唤醒了青年们“十几岁的梦想”，为时装周增添了大胆、新潮、精彩的一笔，令人印象深刻。2023春夏系列主题“无奇不U”，是主理人陈枫捷以“十几岁的梦想”作为设计灵感，去思考青年成长时心境的变化。

古由卡秀场整个T型台由蓝色地板覆盖，极具视觉冲击力。舞台中心3.5米高的“U”型沙漏，蕴含了多彩的沙子，代表青年多元、缤纷的梦想汇聚于此。透明炫彩的“枕头”，作为造梦的载体，链接了现实与梦想。

“U”型沙漏代表品牌的自我，沙子的流出既代表了青年的梦想被释放，也寓意时光奔流不息。随着沙子完全流出，最终显露出一个完整的古由卡超级符号——“U”标志，寓意品牌恒定发展，始终保持初心（图5-9）。

图5-9 古由卡2023春夏中国国际时装周发布会

（四）服装选择也是营造氛围的重要手段

通过选择合适的服装样式、颜色和质地，舞台美术设计师可以向观众传达角色身份、情感和背景。例如，适合现代悲剧的黑色服装可以增加正剧的氛围；色彩鲜艳的服装可以增加喜剧的轻松愉悦感。服装的细节处理也能使氛围更加真实丰满，如通过衣裙的质地、裁剪的设计，可以传达角色的品位和社会地位。

例如，川久保玲带给我们一个创造力的全新系列，虽然只有15套款式造型，但色彩丰富、超现实、卡通等特点足够引人注目。不仅如此，川久保玲还为我们示范了“少而精”系列的正确打开方式。解构、拼接、夸张轮廓等特点被继续沿用在这一系列中。除此之外，很多日漫卡通少女形象也被运用其中。川久保玲创造着比时装界流行超前得多的原型和概念服装。夸张的廓型是其最大的特点，视觉冲击力极强，而且每一件风格迥异的印花都让人眼花缭乱，的确是“艺术至上”（图5-10）。

图5-10 川久保玲时装发布会

熊英以“承”为大主题，将中华文化中传颂不衰的“四大美人”（西施、貂蝉、王昭君、杨贵妃）的故事辅以传承中国智慧的美学以及岩画、晕染、吊染、苏绣等精湛的传统服饰工艺，将那千百年来道不尽的良辰美景、诉不完的玉貌芳华变成了一件件栩栩如生的华美服饰。身着盖娅传说华服的女子，来自遥远的东方，身上带着东方美人的神秘、温婉，同时又不乏拥抱世界的勇气和胸怀，她们既沉淀着千年的悠远气韵，又带有时尚轻盈的现代气息，美于情愫、美于意韵（图5-11）。

通过精心的舞台美术设计，观众可以在舞台上体验到具体情境之外的情感和真实感，产生深刻而难忘的观演体验。

图5-11 品牌:盖娅传说(设计师:熊英)

三、突出角色个性与形象

舞台美术设计在突出角色个性和形象方面具有重要的作用。通过舞台布景、服装和灯光等方面的设计，可以有效地表达角色的特点和情感，使观众更加深入地理解和感受角色的内在世界。

(一)以舞台布景的选择和布置来突出角色的个性和形象

每个角色都有自己的个性特点，而舞台布景可以通过独特的设计元素来突出这些特点。例如，对于一个悲伤的角色，可以选择灰暗的背景和破旧的道具来表现其内心的痛苦和困惑；对于一个活泼的角色，可以选择明亮的背景和生动的道具来展示其充满活力和乐观的性格。

(二)以服装的设计来突出角色的个性和形象

服装是角色形象的重要组成部分，通过服装的颜色、款式和细节，可以有效地表现角色的个性特点。例如，对于一个高傲的角色，可以选择奢华的服装和精细的细节来展示其高贵和自信；对于一个朴素的角色，可以选择简约的服装和自然的颜色来表现其朴实和务实的性格。

(三)以灯光的运用来突出角色的个性和形象

灯光在舞台上的运用可以改变舞台的氛围和情绪，进而影响观众对角色的认知。通过不同的灯光效果，可以突出角色的表情、动作和姿态，增强其个性和形象的鲜明度。例如，通过加强前景的灯光来突出一个角色，使其在舞台上成为焦点，进而突出其个性和形象。

四、提升视觉效果和观赏性

在提升视觉效果和观赏性方面，舞台美术设计师通过灵活运用色彩和光影效果、创造独特的舞台布景和装饰、设计符合角色特征的服装和化妆，以及利用舞台动态和空间等手段，能够创造出引人入胜、吸引观众注意力的视觉效果，提升舞台的观赏性，使观众产生更丰富多样的舞台艺术体验。

（一）灵活运用色彩和光影效果

舞台美术设计师可以运用色彩和光影的变化来创造各种视觉效果。通过使用鲜艳或柔和的色彩、巧妙的色彩搭配，以及灯光的投射和控制，可以产生戏剧性的效果，吸引观众的注意力。视觉效果的变化可以让观众更加投入，增加观赏性和乐趣。

例如，时装与艺术，音乐与画作，传统与当代，不同领域的文化就在地素时尚（DAZZLE FASHION）敦煌大秀架空的时空里碰撞。“用各个领域特有的方式，把厚重的历史、敦煌的美及中国的传统文化表现出来，融合在一场秀里面，让大家产生全新的认知和不同的感受。”

此次敦煌大秀融合了地素时尚集团旗下包括DIAMOND DAZZLE、RAZZLE、地素（DAZZLE）等多个品牌，进行多元展示，从不同维度、不同层次向人群渗透。这同时也是地素集团试图与当下进行对话的方式：“平常大家一想起敦煌，通常第一反应会是比较沉重的、传统的，好像跟摩登时尚、流行与当代格格不入。所以我们就特别有冲动把这么一个厚重的文化核心，用很当代的语言演绎成年轻人能够接受并感觉是跟自己关联很近的东西。”

此次敦煌大秀由贺聪开场，赵佳丽、杨昊、余航等超模悉数亮相，刘雯作为品牌代言人身着肆意灵动的流沙裙完成大秀闭场，完美演绎出这场多元T台秀（图5-12、图5-13）。

图5-12　地素时尚敦煌大秀1

图5-13　地素时尚敦煌大秀2

（二）创造独特的舞台布景和装饰

舞台美术设计师通过创造独特的舞台布景和装饰来提升舞台的视觉效果和观赏性。通过创意的布景和装饰元素，如悬挂的道具、特殊形状的舞台，或者精美的背景画面等，可以创造出引人入胜的视觉效果，吸引观众的眼球。

例如，舞台上一名少年坐在麦秸上吹着口琴。伴随着悠扬的音乐，一场时光旅行正式开启，40名模特穿梭于真实的草垛间。整场秀接近尾声时，最初的少年再回到麦秸上吹着口琴，只是这一次的曲调更加丰富动听。麦穗已经成熟，而我们却在向往回归最初少年的模样（图5-14）。

图5-14 “拾穗的少年穿越时光之旅”发布会1

谢幕时身穿同样服装的少年依次走出，仿佛在秀场完成了一场时光穿越之旅。而那成熟的麦穗，早已将麦香揉进面包里，最初的40位成人模特在秀场结束时手提装满了面包的竹篮再次出现，并将面包分享给现场的每一位嘉宾，让在场的每个人都能分享少年成熟后的这份丰盈富足的喜悦。可以说，这是一场少年庆祝自我成长的派对（图5-15）。

图5-15 “拾穗的少年穿越时光之旅”发布会2

（三）设计符合角色特征的服装和妆容

舞台美术设计师通过设计符合角色特征的服装和妆容来提升视觉效果和观赏性。服装和化妆可以突出角色的特点、身份和情感，从而使观众可以更好地理解和欣赏角色。通过精心设计的服装和妆容，可以增强舞台的视觉冲击力和观赏性。

例如，紊核发布系列“呐喊工厂”，灵感来自工业重金属摇滚乐队德国战车（Rammstein）的音乐和他们独特而富有冲击力的着装风格。发布会现场灯光闪烁，复杂的金属管与线性光源、点光源遥相呼应，复杂而多变，间接而隐秘的摇滚电音感扑面而来（图5-16）。

图5-16　紊核品牌发布会

（四）利用舞台动态和空间

舞台美术设计师可以运用舞台的动态和空间来提升视觉效果和观赏性。通过熟练的舞台布局、画面转换和运动设计，可以创造出令人惊叹的效果。舞台的动态变化和空间的利用可以使观众感到兴奋和投入。

例如，路易·威登2020秋冬男装系列秀场被设计布置成天空模样，蓝天、白云、印花为主要视觉亮点（图5-17、图5-18）。

图5-17　路易·威登2020秋冬男装系列秀场1

图5-18　路易·威登2020秋冬男装系列秀场2

五、加强角色互动和舞台效果

在舞台美术设计中加强角色互动和舞台效果是提升舞台作品品质的关键因素。通过适合的场景和布景、灯光、音效、特效、服装和化妆等手段，可以使角色之间的关系更加紧密和深刻，使舞台效果更加震撼和引人入胜，从而吸引观众的眼球和情感，获得更好的艺术表现和观赏效果。

第一，舞台美术设计通过布景布置和道具应用，可以创造出适合角色互动的场景和环境。例如，在戏剧中，通过不同的舞台布景设计和道具摆放，可以营造出不同的场景，如酒吧、学校或家庭等。这些环境的创造可以更好地突显角色之间的关系和互动。同时，合理的布景和道具安排可以为角色提供更多的互动空间和可能性，使他们的行动更加自然和流畅。

第二，舞台美术设计可以通过各种灯光、音效、特效等加强角色互动和舞台效果。通过巧妙的灯光设计，可以突出或隐藏某个角色，增强他们的存在感。通过音效的运用，可以营造出不同的氛围和情绪，使得角色之间的对话和互动更具感染力。通过特效的运用，如烟雾、火焰或投影等，可以增加舞台的戏剧性和视觉冲击力，使得观众更加投入角色的世界中。

第三，舞台美术设计可以通过服装和化妆来加强角色的形象和角色之间的互动。不同的服装和化妆可以展现不同角色的社会地位、身份和性格特点。例如，在歌剧中，女主角通常穿着艳丽的服装并精心化妆，以突出她们的美丽和魅力；反派角色则经常以黑色和暗淡的妆容出现，以突显他们的邪恶和阴郁。通过服装和化妆的设计，可以使角色更加鲜明和立体，进一步加强他们之间的互动和舞台效果。

例如，迷幻边界2023秋冬系列以希区柯克（Hitchcock）电影为灵感，将T型台布置成剧场“台前幕后”的视觉效果，给人以悬疑、复杂、多面的舞台氛围感（图5–19）。

图5–19 迷幻边界2023秋冬系列发布会

第二节　舞台美术设计技巧

舞台美术设计技巧在服装表演的创作过程中扮演着至关重要的角色。它不仅负责构建舞台的视觉效果，还需要表现服装表演的主题和情感。舞台美术设计的成功与否直接影响着观众的参与感和对服装表演的理解。因此，掌握一些关键的舞台美术设计技巧是每个舞台美术设计师都需要努力追求的目标。本节就舞台美术设计的一些重要技巧进行概述，旨在为有志于舞台美术设计的人们提供一些实用的指导和启示，帮助他们打造属于自己的精彩表演之作。

一、舞台美术设计的原则

通过合理运用这些设计原则，能够使服装在舞台上发挥出最大的效果，加强角色的形象塑造，并通过视觉冲击力吸引观众的注意。

（一）实用性原则

无论舞台美术设计如何变化和发展，其核心始终是为了模特展示服装而构建的。在设计T型台上的造型时，最重要的是注重舞台的实用性，也就是创造一个适合服装表演的空间。舞台美术设计应该着重提高演出的效率和质量，让观众在有限的空间内享受到多样化的表演。服装表演舞台设计需要适应各种服装表演艺术形式，使模特能够自由展示身体动作。设计者应该充分考虑如何解决空间的实用性问题，让模特能够在舞台上展示他们的才华和表演能力。最常见的方式是设计合理的模特表演空间和动作支点，包括行走的长度、宽度和强度，确保它们高度协调和合理。

（二）观赏性原则

随着服装表演的进一步发展，舞台美术设计也需要更具观赏性。在服装表演的舞台设计中，需要在注重实用性的同时进行创新，打造一个充满艺术感和个性化的服装展示空间，以满足观众的审美需求。同时，大众的时尚审美更加依赖于模特的动作表演，包括优美的形体姿态、和谐的肢体动作，以及独特的造型和情感投入。舞台美术设计应根据现场表演的氛围，强调空间比例的精确，处理好舞台空间的对比和统一，在更和谐的氛围中满足观众的艺术审美需求。

（三）时尚性原则

舞台美术的艺术创新在服装表演中体现了时尚性原则的重要性。服装表演舞台美术设计的发展始于1914年的美国芝加哥，当时举办了一场被誉为“世界上最大型”的服装表演，首次使用了跑道式舞台，即T型台。随着时间的推移，服装表演的舞台造型逐渐发展成为伸展式舞台，其形状构造也变得多样化，如H型、U型、S型等。进入21世纪，现代设计师们越来越注重时尚性在舞台美术设计中的应用，无论是整体环境的布置还是道具的运用，都倾注了设计师们对时尚的深入理解，希望能够给观众带来多样化的时尚体验。

服装表演的舞台设计已经摆脱了传统的T型台的限制，开始融入新的艺术创新构思。设计师们通过独特的时尚视觉形式传达给观众，时尚性的舞台美术设计原则已经成了当代设计师们关注的焦点。舞台不再只是一个平台，而是一个充满艺术创意的展示空间，给设计师们提供了展示时尚潮流和个性的机会。这种新的舞台设计理念为服装表演注入了更多的艺术元素，丰富了观众的视觉体验。

二、注重意境的表现

舞台美术设计在服装表演中是非常重要的一环，它不仅可以为舞台营造出适宜的氛围，还能够帮助演员正确诠释角色的意境。而在这些技巧中，注重意境表现被认为是至关重要的。意境表现指的是通过舞台美术元素的运用，创造出能够引发观众情感共鸣的情景和气氛。这种表现手法不仅可以增强观众的沉浸感，还能够加深观众对角色内心世界的理解。在服装表演的舞台美术设计中，注重意境表现不仅是一种技巧，更是一种艺术追求。

表现主义舞台设计力图通过与服装表演主题相协调，突显服装设计的灵感来源，并进一步诠释服装的意义。通过舞台元素的运用，设计师们创造出一种虚拟的空间，使观众能够产生联想和想象。表现主义舞台设计继承了表现主义运动的艺术思想，强调表现事物的内在本质和情感，而不是生活的真实。这种舞台设计能让观众感受到强烈的氛围和情感冲击，同时也有可能显得过于奇特。探索式表演形式和戏剧化的服装表演常常采用表现主义的舞台设计。

三、舞台美术设计的表现手法

舞台美术作为演出的一个要素，其表现力不完全决定于自身，也决定于它同表演艺术等各方面的动态关系。这种全方位的设计理念，目的是创造一个符合舞台内容、体现剧目主题的演出承载空间，通过舞台造型形式感产生的视觉感染力来确定舞台表演的视觉基调。

例如，红遍全球的美国音乐剧《猫》的舞台美术设计，就是以艾略特（Eliot）诗集中的群猫的生存百态为原型和蓝本，创造性地设计出了一个猫的世界的全方位舞台，并使舞台向观众席最大限度地延伸拓展，让整个剧场变成一个巨大的垃圾场，使观众从猫的视角来观察世界，以挑战的姿态开创了音乐剧的新领域（图5-20～图5-22）。

图5-20　美国音乐剧《猫》1

图5-21　美国音乐剧《猫》2

图5-22　美国音乐剧《猫》3

思考题

1. 舞台美术设计的功能有哪些？你是如何看待这些功能的？
2. 舞台美术设计的技巧有哪些？如何在实践中更好地运用这些技巧？

第六章

表演编排

PART 6

服装表演是服装模特在T型台上面对观众演绎服装的过程。编导不但要使服装表演的演出有序进行，同时也要使演出引人入胜，以确保将设计师的设计构思传达给观众，使演出具有艺术性、观赏性、传递性。表演编排是一项集体活动，需要多方面人员的合作，要根据演出的内容和性质决定表演形式。表演编排有着广阔的创作空间，是一个综合性的艺术创作过程。表演编排在主题、场地确定后开始进行，内容包括对模特的选择、分配和试穿服装、编排等一系列演出前的活动，是演出全过程的关键环节。

第一节　模特选择

在服装表演的整个过程中，选择模特是最重要的环节。模特是设计师与消费者之间的纽带和桥梁，通过模特们在T型台上的精彩展示能够充分呈现服装的美，诠释服装的内涵，达到完美的演出效果。但如果模特挑选不当，则会给整场演出带来负面的影响。所以，演出的成败也取决于所挑选的模特。具体怎样选择模特，要视服装的风格、表演的风格和主办方的经济实力而定。

一、模特的挑选者

模特由谁来挑选呢？这要由演出的性质来决定，不同的演出要由不同的人来挑选模特。

第一，个人专场或发布型专场，由设计师本人挑选，设计师要用他们的眼光挑选出自己满意的模特。

第二，娱乐演出、企业或商场的促销演出，由编导来挑选模特。

第三，服装设计大赛，由大赛组委会直接从模特经纪公司挑选或由承办演出的模特经纪公司直接确定。

第四，模特比赛，按比赛章程确定参赛选手。

二、挑选方法

挑选模特的方法有很多种，有直接的也有间接的，在各种不同的方法中到底选用哪种方法来对模特进行挑选，要视客观条件而定，如演出的地点、规模的大小、所需模特的数量等。比较常用的方法有以下四种。

（一）直接面试

如果模特所在地与举办演出的地点在同一个城市，最好用直接面试的形式进行挑选。直接面试可以直接掌握模特的走台水平及其对服装的理解力等，避免挑选出现偏差。

（二）利用资料挑选

如果模特和举办演出的地点不在同一个城市，可通过邮寄模特的个人资料进行挑选。但是，这种方式往往出现人、像不符的情况，因为资料是间接的、不全面的。目前，照相和化妆的手法都很先进，个人照片又都采用最佳角度拍摄，所以照片不能完全反映出模特的真实情况。也就是说，完全利用资料确定模特往往会出现偏差。

（三）先看资料，后面试

如果挑选模特的范围很大，无论模特是否在本地，都可先看资料进行初选，初步确定人选后再进行面试，最后确定具体人选。

（四）由模特公司确定

一般大型的服装演出或服装大赛都是由模特经纪公司承办的，这时可由模特经纪公司按主办方的要求直接确定人选。

三、表演人数确定

一场服装表演使用多少模特没有严格规定，下列因素在确定人数时可做参考。

（一）服装数量

演出所用服装的数量越多，相对的使用模特的数量就越多。

（二）演出舞台大小

舞台面积大，为保证演出效果，模特的数量要相应地增加。

（三）走台方式

1. 简洁随意

采用简洁随意的走台方式时，模特在台上流动的速度较快，模特数量应相对多一些，一般应在20人以上。

2. 刻意编排

刻意编排适合系列服装的展示，模特在台上停留的时间相对长一些，这种表演形式用的模特相对较少。如果系列服装每个系列有8套，那么表演的模特至少要有16人。

（四）更衣室距背景的距离

更衣室距背景距离的远近，直接影响到模特更换服装返场的速度。如果距离远，就应相对增加模特的数量。

（五）服装的复杂程度

设计复杂、不易脱换的服装，会影响模特返场的时间，要根据这种服装数量的多少确定是否增加模特人数。

四、对模特的要求

具体挑选模特时，要根据表演的服装款式和表演风格而定。如需要展示的是运动、奔放的服装，就要选择具有活泼、蓬勃向上气质的模特；展示晚礼服时，要挑选具有雍容、典雅、端庄气质的模特；泳装、职业装对模特的挑选也都有各自的要求。

（一）运动装展示

应选择青春朝气且能营造出青春而有活力氛围的模特，要具有健美的形体感觉，而不能让温柔、甜美气质的模特来展示。

（二）晚装展示

晚装对模特的要求是最高的，尽管在我国真正穿晚装的场合很少，但由于模特穿上后美丽动人，会带给观众一种美感，具有很高的欣赏价值，所以，各种类型的服装表演中往往都会有晚装展示。应选择气质高雅、端庄的模特来展示晚装。

（三）职业装展示

展示职业装要求模特的基本功要扎实，应选择表演干练、优雅，动作洒脱、端庄而有气质的模特。

（四）泳装或内衣展示

当展示泳装或内衣时，模特身体外露的部位较多，对模特的形体要求比较严格，这也是最能体现模特身材的一种表演形式。所以，应该选择腿部修长、上下身比例好、臀部上翘、三围尺寸标准的模特。

第二节　分配服装

在一台服装表演中，对每一位模特来说服装都是至关重要的，只有把服装穿在模特身上，通过她们的完美展示，才能体现服装的动态美和立体美。当然，不同服装穿在不同人的身上会产生不同的效果。因此，在一场服装表演之前，编导或设计师要对服装进行科学的分配，以确保表演的顺利进行和演出的效果。如何把服装分配给模特，要由演出的性质来决定。

一、设计师专场或发布型演出

设计师专场或发布型演出由设计师在已挑选的模特范围内，针对每位模特的气质特征和服装特点分配服装。

二、商业性演出

在商业性演出之前，商家和公司要对模特进行面试并精心挑选，模特的形体气质、表演技巧差距不是很大，各方面条件比较相近，这时可以对服装进行平均分配，即按照服装的排序和模特上场的顺序，相对应地把服装分配给模特就可以了。

这时编导要更多地考虑演出的效果，使表演更具宣传效应，也要让观众对演出感兴趣，使表演能够成为令人兴奋和有戏剧性的表演。

三、娱乐性演出

娱乐性演出所选用的模特可能是专业模特和业余模特同时存在，也就是说模特有高矮、胖瘦的差别，在气质条件和表演技巧等方面也会存在差异。

表演时富有经验的专业模特能应对自如，能很容易地把服装的风格、款式、韵味以及设计师的理念传递给观众，业余模特就会相对差一些。

为了确保演出质量，编导需要根据模特条件进行重点分配，或者根据设计师的特殊要求进行分配。

第三节　试穿服装

试穿服装是演出前的一项主要工作。虽然模特都是精心挑选的，但每个人的衣着感是不同的，一件服装不一定适合每位模特。因此，在演出之前，编导或设计师要与相关人员一起完成一项任务——试穿服装，目的是使每位模特都能穿着合身得体的服装，使服装具有更完美的造型效果。

一、确定试衣时间

试衣时间与演出时间不要间隔太短，起码要为更换或修改服装留有足够的时间，如果允许的话，最好提前一个星期就把试穿的服装和配饰准备好。

二、试衣用品

试衣室应有放置和修改服装的必须用品，如龙门架、熨烫架、盖布、试衣单、大头针、划粉、剪刀、尺寸标签等，还要准备一个离地面约30厘米高的小平台，以便给服装折边。另外，还应有各种帮助保护服装的物品，如保护鞋子的防护袋、把搭配好的服饰放在一起的袋子等（图6-1）。

图6-1　演出服装与序号

三、掌握模特基本数据

试衣前，试衣人员要拿到演出模特的资料，了解模特的穿衣尺寸，初步确定由哪位模特来试穿什么样的服装。

四、试衣步骤

第一，把所有的服装按照演出的顺序编上号码，整齐地挂在龙门架上；把服饰配件按分类或型号装在事先准备好的袋子里，放在相应的位置；把鞋放在相应的衣服或龙门架下面，以便穿着和搭配。

第二，按编号的顺序让模特试穿服装。如果一件服装对于某个模特来说穿着不合适，可将需要修改的部位确定，用大头针仔细地做好记号。如果穿着不合适，要和设计师、商家沟通，是否可用其他服装替换，如实在无法替换，则需要重新找个适合这件衣服的模特。在试衣的过程中，要尽量少做调换，否则会打乱试衣过程，影响整个演出的顺利进行。

第三，服装试穿合适的模特，应进行服装配饰的整体搭配，在得到服装设计师或编导的同意之后，照相留影、填写试衣单，以免在演出过程中拿错或穿错服装。

第四节　服装管理

服装表演的服装管理是一项不可忽视的工作，不仅要有专业人员负责，还要有严格的管理方法。

一、填写试衣单

为了演出能有条不紊地进行，避免演出时换衣现场出现混乱，在模特试穿服装的过程中要填写试衣单（表6-1），把各项信息都要记录下来，一式三份，一份别在演出服装上，一份放在服装的配饰上，一份交给服装管理员。小型演出只需要一份试衣单，以便工作人员管理。

表6-1　试衣单

<table>
<tr><td>模特姓名</td><td></td><td>序号</td><td></td><td rowspan="5">照片资料</td></tr>
<tr><td>身高</td><td></td><td>性别</td><td></td></tr>
<tr><td>服装名称</td><td></td><td>服装尺寸</td><td></td></tr>
<tr><td>鞋号</td><td></td><td>配饰</td><td></td></tr>
<tr><td>服装件数</td><td></td><td>出场序号</td><td></td></tr>
<tr><td>服装序号</td><td></td><td>备注</td><td colspan="2"></td></tr>
</table>

二、按序号分类

比较简单的管理服装的方法是采用排序号的方法。如试穿好一套服装后，把模特的序号牌放在服装上或饰品的口袋里，并把序号朝外。如服装被工作人员送去修改或熨烫，取回后仍按序号放回原位置，以方便模特领取和工作人员清点。

三、服装及饰品管理

（一）配饰的管理

帽子：在运输或保管的过程中，应防止被挤压变形，并尽量放在大纸盒里。

首饰：每次演出之后，应整理好放在盒子里，如有损坏或丢失，应及时修复或查找，以保证下场演出时可正常使用。

手套：在每次演出完以后，都要检查整理，再保存起来。

鞋：每次演出前后，都要用鞋盒把鞋装好，将鞋拍照留影，照片粘在盒子上，以免管理员在发鞋和收鞋的过程中出现差错。

此外，还有很多附属品，在管理过程中都应尽心尽力，防止损坏和遗失。

（二）服装的管理

每次演出之前，服装管理员要对服装进行全面检查，以确保服装完整、干净，如有需要还应对服装进行整理、熨烫，以保证演出的效果。

第五节　表演的编排与排练

为了保证服装表演的演出质量，比较正规的演出之前都必须进行编排与排练。编排主要是确定整体表演风格、确定表演顺序、设计表演动作和走台线路等。编导及相关工作人员主要通过排练检验自己的构思转化为现实的效果，并在排练中修改完善。模特们通过排练，接受编导及设计师的启发，更进一步加深对服装的理解，使表演趋于完美。同时，在排练中，表演模特还需要记住每场表演中自己的出场顺序、走台路线、定位造型方法、彼此间的合作及服装与配饰的穿着方法等。

一、整体表演风格的设计

服装表演的整体风格，是指编导为体现服装款式、风格和演出效果而设计的模特在舞台上的整体展示形式。通过编队、走台、造型、转体、表情、道具使用等差异形成不同的风格。服装表演风格设计主要取决于演出的目的、编导的意向和组织者的经济实力。若组织者的经济实力允许，编导可以根据需要刻意地在复杂的表演形式上下功夫。服装表演的整体表演风格主要包括简洁随意型和刻意设计型两大类。

（一）简洁随意型

简洁随意型风格的表演，一切力求简洁、节省，在编排和排练上都没有过多的要求，模特只要按照出场顺序在台上随意行走即可，只需要适当做一些简单的亮相，没有相互配合的动作，有些甚至不需要经过排练。因此，其在音乐的选择及模特的表演与编排上都比较大众化，缺少个性，表演费用也较低。

一般来说，促销性质及发布性质的表演大多属于这种类型。这种形式也被称为“大游行”（图6-2）。

（二）刻意设计型

刻意设计型风格的表演，通过编导的刻意编排，营造出特殊的舞台气氛以表现和衬托服装。无论是音乐、灯光、道具、舞美设计，还是表演的编排与排练，以及模特的个人表演及队形的设计等各个细节，都有明确而严格的要求，对演职员的要求较高，需要排练的时间较长，演出费用也较高。

1. 情景表演

情景表演是指身着某种具体款式的服装，在T型台规定的情景之中（表演场地设计成类似小品式的生活场景），充分利用道具的功能，完成生活化的情节，以此展示服装的表演。

（1）舞台上有木屋、海滩救生员和此起彼伏的海鸥声，模特赤脚走秀，名副其实的“香奈儿在海边”（图6-3～图6-5）。

图6-2 简洁随意型

图6-3 香奈儿沙滩发布会1

（2）表演运动装时，模特可手拿球拍（羽毛球、网球），或篮球、足球在表演台上做一些动作（图6-6）。

一般来说，采用情景表演，可以让观众从特定的身份和生活环境的概括上获得一种联想，如“我穿上这套服装，也能获得这样出众的效果”。

2. *舞蹈化表演*

舞蹈化表演是指在服装表演中，局部或全部采用典型的舞蹈动作，配以恰当的音乐等加以烘托，使音乐、服装和模特表演形成统一的整体，产生强烈的视听效果，给观众留下深刻印象。这种风格常用于展示具有民族特色的服装或表演性服装。

舞蹈化表演有纯舞蹈化和局部舞蹈化两种形式。

（1）纯舞蹈化。由舞蹈演员身着和表演服装接近的舞蹈服装在T型台上表演舞蹈，模特照常走台。舞蹈表演可放在一个主题的开始，也可放在中间（图6-7）。

（2）局部舞蹈化。模特在服装表演的过程中，借舞蹈身形或步态来展示服装。轻盈和柔软的舞蹈精髓被注入服装之中，紧身连体衣、绑带芭蕾舞鞋以多种裸色呈现变幻万千的姿态，宽松的嘻哈元素是该系列的另一灵感来源，扎染、网眼等元素则是对流行文化的诠释（图6-8）。

图6-4　香奈儿沙滩发布会2

图6-5　香奈儿沙滩发布会3

图6-6　兰狮运动服装模特

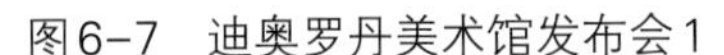

图6-7 迪奥罗丹美术馆发布会1

图6-8 迪奥罗丹美术馆发布会2

刻意设计型的编排常采用的手法是在模特走台线路、个人造型、整体舞台构图上下功夫，追求表演的个性化，从而产生不同的表演风格。

二、表演程序的确定

服装表演程序的编排，对演出效果有着不可低估的作用。在确定了整体表演风格和明确了各个主题并选定了表演所用的服装后，首先要进行的是按照主题排出顺序，即第一主题×××，第二主题×××……或第一幕×××，第二幕×××……再排出每个主题下的服装出场顺序。这样，总的表演程序就排定了。

一个表演程序的排定，要重点考虑开场、高潮、结尾三部分。

（一）开场

服装表演的开场是整场演出的关键部分。开场的表演要能引起观众注意，使其马上进入欣赏状态。

开场的形式多种多样，下面几种较为常用。

1. 激情活力装开场

模特踏着轻快而有动感的音乐节奏，以青春、健美、活泼的动态表演，迅速使全场产生热烈、欢快的气氛。此时，能立刻将观众的视线全部转移到T型台上。这种形式适合用在主要为非专业人士观看的表演当中（图6-9）。

2. 轻松休闲装开场

模特身着休闲装，随着轻松的、中速节奏的音乐，轻松、自由、潇洒地在台上表演，将清新、舒适的氛围展现在观众的面前（图6-10）。以这种形式开场，吸引观众注意力的效果相对要差一些。

图6-9 激情活力装开场

3. 创意性开场

模特身着超前或科幻服装，在特殊灯光和具有神秘感的音乐声中做着特殊的动作。这种开场会使观众仿佛进入一个梦幻般的世界，从而吸引观众（图6-11）。另外，创意性开场还可从模特出场方式上下功夫，模特通常是在背景出入口上场，为增加观众新奇感可采用模特从舞台前方上场，或采用模特先全部出场的方式开场。

图6-10　MISS SIXTY品牌系列发布会

图6-11　创意性开场

（二）高潮

在表演中，高潮是相对而言的。通俗地讲，高潮是表演过程中出现的精彩部分。高潮和开场、结尾不同，它可以在整台表演中出现一次或多次。

制造高潮的目的是刺激观众出现兴奋点，使观众不至于在观看过程中认为演出平淡、千篇一律而离场。

制造高潮的手法较多，常用的方法有利用模特的表演、服装的风格及款式、道具的运用、音乐及灯光等的变化，营造出服装表演的高潮场面。

1. 利用服装的变化制造高潮

利用系列服装风格的变化或对服装款式进行调整，可以使观众感到演出的气氛变化，对表演产生可看性强的想法。在商业性演出中，可利用推出“最具时尚”服装的办法达到高潮；在艺术性演出中，可推出民族特色强或具有前卫性的服装以达到高潮。

例如：亚历山大·麦昆（Alexander McQUEEN）回归戏剧风，重现暗黑版《美女与野兽》，模特们穿着华丽，徜徉在湿润的草地上，高高在上的女王气势扑面而来（图6-12）。

图6-12 亚历山大·麦昆发布会

2. 利用模特的表演制造高潮

模特的表演也可形成高潮。这个高潮的形成主要取决于模特的表演技巧，如模特的走台线路、转身周数、亮相、造型的设计等都可改变场上的气氛。另外，也可利用名模出场来达到掀起演出高潮的目的。但要注意，不能脱离服装去刻意设计高潮。

3. 利用灯光、音响制造高潮

利用天幕光、激光、频闪光等灯光的出现及变化，结合音响的特殊效果，使观众感觉进入了一个新境地，从而达到高潮。

例如：罗伯特·卡沃利（Roberto Cavalli）360度无死角的伸展台，可展示出每位模特傲人的身姿，呈现服装极致的细节美（图6-13）。

图6-13　罗伯特·卡沃利发布会

4. 利用道具制造高潮

在表演过程中，运用大型道具或较大型道具也可产生高潮。例如：将DJ台、自行车、摩托车等搬上舞台，模特利用这些道具进行表演从而使观众产生兴奋点，使场上形成高潮（图6-14）。另外，还有模特利用篮球、足球去做一些大型动作，这也可以形成场上的高潮。

图6-14　都市丽人2022春夏海岛邂逅系列

除此之外，舞台如设有可动式背景或升降台，也可被运用到制造高潮场面之中。

（三）结尾

一场服装表演要做到有始有终，让观众精神饱满地看到结束，并能留下完美、深刻的印象，结尾部分也是整场演出的关键。

实际上，也可把结尾看作一个高潮的出现，只不过是在高潮之后就结束了整台演出。一般结尾都会利用模特集体谢幕的形式，如有设计师在场，最后推出设计师谢幕。这时，全场沸腾，灯光全亮，演出结束。

例如：山谷少年品牌的牧人诗歌系列设计以藏族文化为灵感，感受、提取藏族文化的历史与民族服饰及色彩工艺，呈现具有现代潮流又不失浪漫自由的调性。提取和再创造具有民族古典特色的提花纹样，通过织带、交织、拼接毛边等工艺，搭配独特的头饰、帽饰和带有古典及民族风格的腰带挂件等造型，打造出充满东方时尚的民族韵味（图6-15）。

图6-15 山谷少年品牌发布会

一场服装表演从开场—高潮—低潮—高潮—低潮……—结尾。是一个有高有低的过程，这样的过程设计使观众在观看过程中有紧张、有松弛，张弛有序，以愉快的心情看完整场演出。

三、填写表演程序表

表演程序和排练时间确定后，应该填写相应的表格并印制分发给所有相关人员，包括设计师、模特、催场员、摄影师、音响师、灯光师及服装管理人员，随后便进入排练日程。

表演程序表格式见表6-2。排练日程表举例见表6-3。

表6-2　表演程序表

出场次序	服装编号	件数/套	模特编号	配饰
1				
2				
3				
4				
5				
…				

表6-3　排练日程表

排练日期	排练内容
4月26日上午	开会布置任务，着手准备
4月27日全天	分组排练
4月28日全天	无音乐、无装排练
4月29日全天	有音乐、着装排练
4月30日全天	彩排（包括音乐、灯光、解说等）
5月1日下午	演出

注　排练时间为上午：9：00—11：30；下午：14：00—16：30。

四、走台路线设计

在大型服装表演中，走台路线应该由服装表演编导事先设计好，并以示意图（通常称走台路线图）的形式分发给每位表演模特，然后排练。这样既可以节省时间，也可以避免临时设计表演路线和编排动作所带来的麻烦及杂乱的现象。

模特的走台路线是表演中的整体动态造型，根据模特行走的轨迹可分为直线、折线和曲线三种；根据每组模特人数又可分为单人和多人。

（一）路线图绘制

1. 设计走台路线时要考虑的因素

（1）直观的审美效果。为模特所设计的走台路线能够给观众带来美的享受。

（2）演出时间的长短。如设计整场演出的时间偏长，在其他条件不变的前提下可通过复杂的路线来保证时间。

（3）T型台形状（长度、宽度）、后台情况。针对不同的舞台形状设计不同的路线，应充分利用舞台的空间。在后台不利于更衣的情况下，可延长走台路线，从而为后台模特换装提供时间。

（4）服装的款式（几人同行）。对于裙装、袖窿变化大的款式服装，设计路线要考虑伸展台的宽度能否满足几位模特同行（图6-16、图6-17）。

图6-16 巴黎高定秀场（名模：伍倩）

图6-17 2019服装流行趋势发布会

（5）造型区的设立。如舞台设有造型区，就要考虑模特在造型区的表演。

（6）灯位情况。在绘制路线图时，编导还需要考虑队形变化能否满足照明需求。

2. 符号

（1）模特符号。不同类别模特的符号由不同图形表示，黑色部分表示模特的背面，空白部分为模特正面，模特的具体编号标注在符号的空白处（图6-18）。

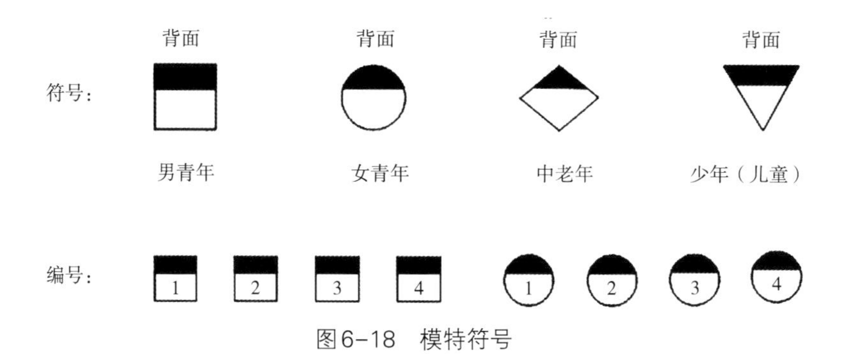

图6-18　模特符号

（2）转身符号。虚线的起始点标注应在模特的正面前，箭头表示转动的方向，左转箭头向逆时针方向画，右转箭头向顺时针方向画。连续转身用L*n*表示，*n*表示转动的圈数，L*n*标注在模特符号旁（图6-19）。

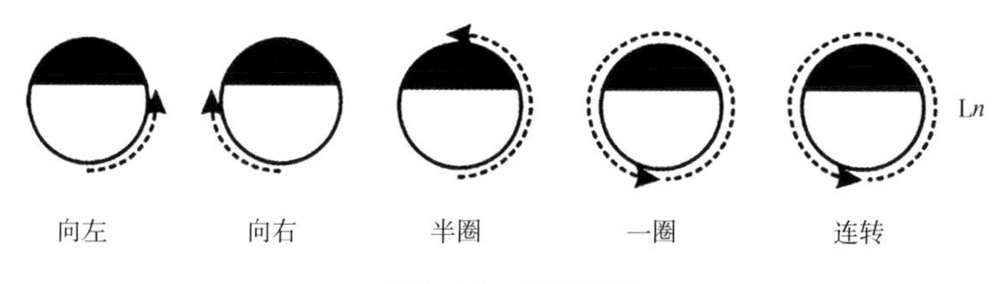

图6-19　转身符号

（3）线条。

实线（黑实线）：表示模特已行走过的路线。

虚线：表示模特将要行走的路线。

箭头：表示模特行走方向和停顿的标志（图6-20）。

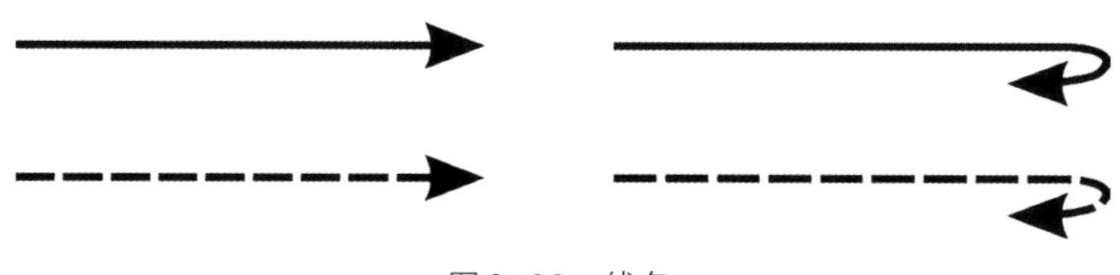
图6-20　线条

（4）路线轨迹。模特行走的路线轨迹可以是直线、折线、曲线。

（二）走台路线举例

1. 单人走台路线

单人走台路线见图6-21、图6-22。

2. 多人走台路线

（1）二人走台路线，见图6-23（a）~（d）。

（2）三人走台路线，见图6-24（a）~（d）。

（3）四人走台路线，见图6-25（a）~（f）。

（4）七人走台路线，见图6-26（a）~（f）。

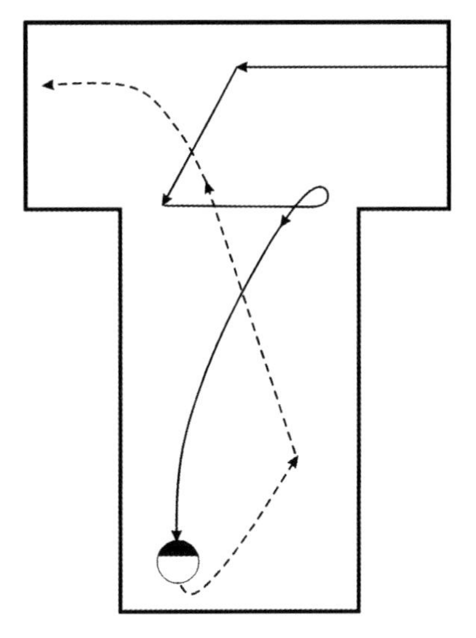

图6-21 单人走台路线1

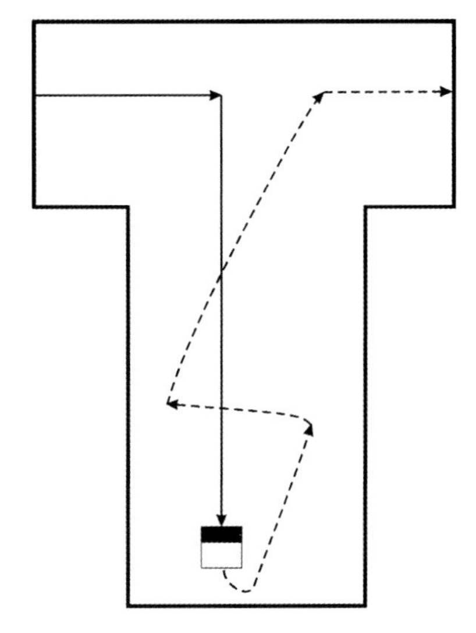

图6-22 单人走台路线2

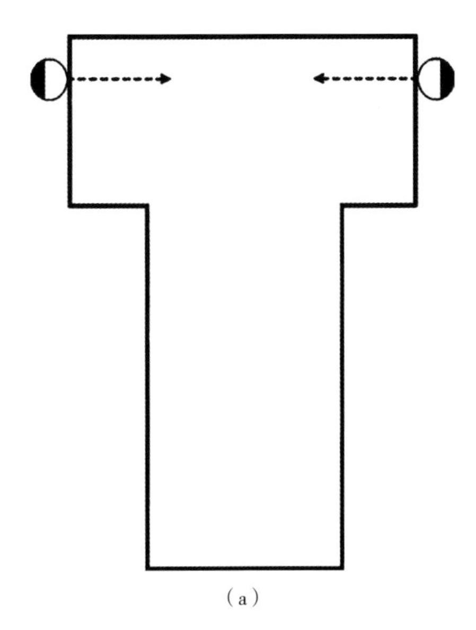

（a）

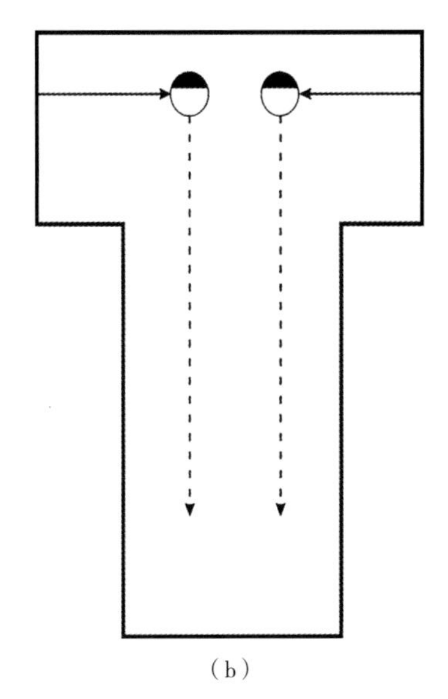

（b）

图6-23

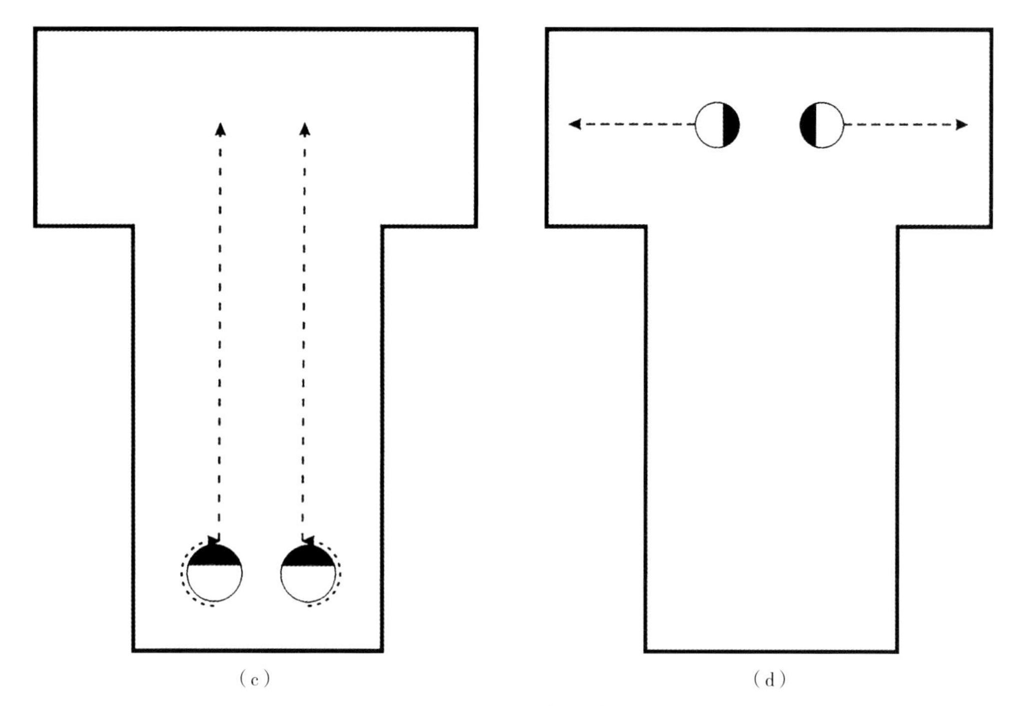

图6-23 二人走台路线

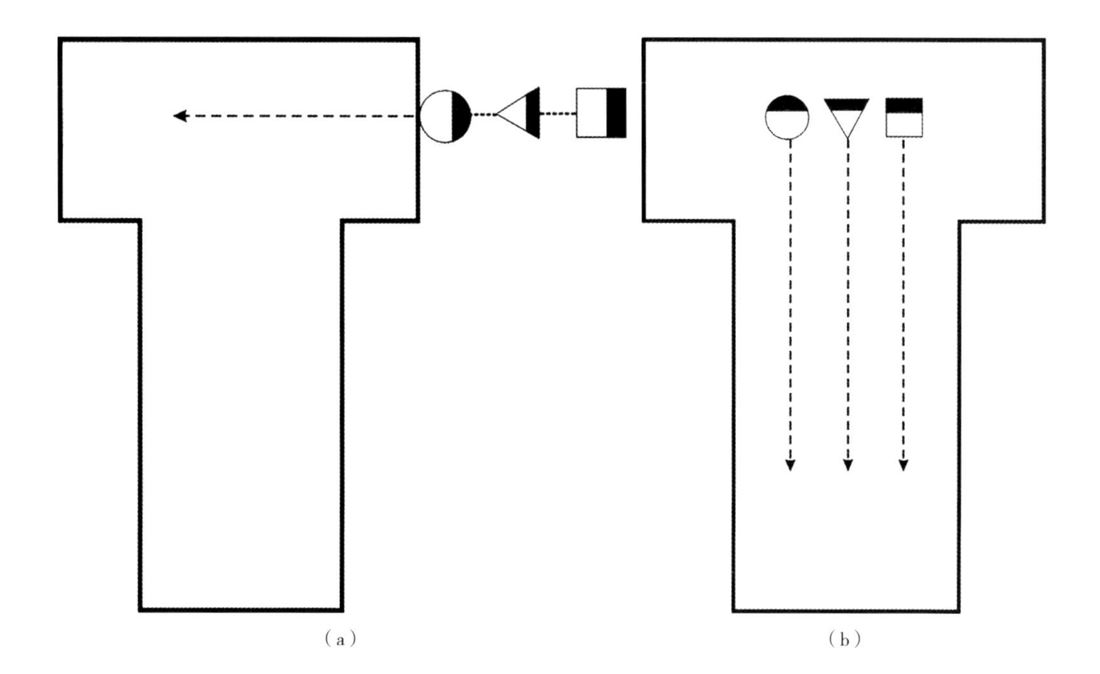

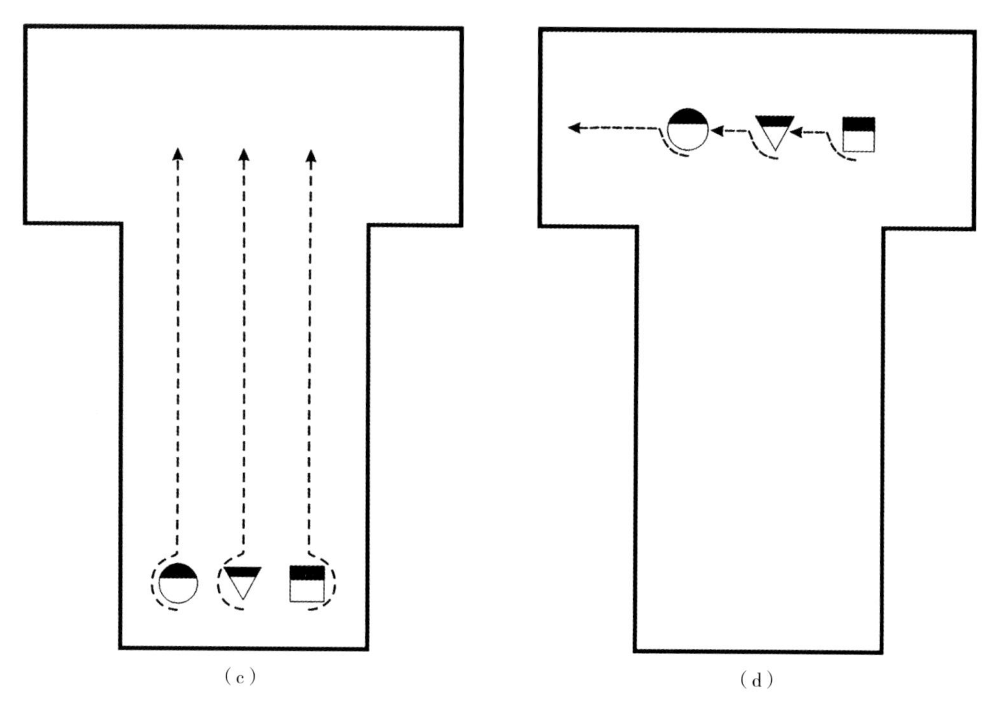

图6-24 三人走台路线

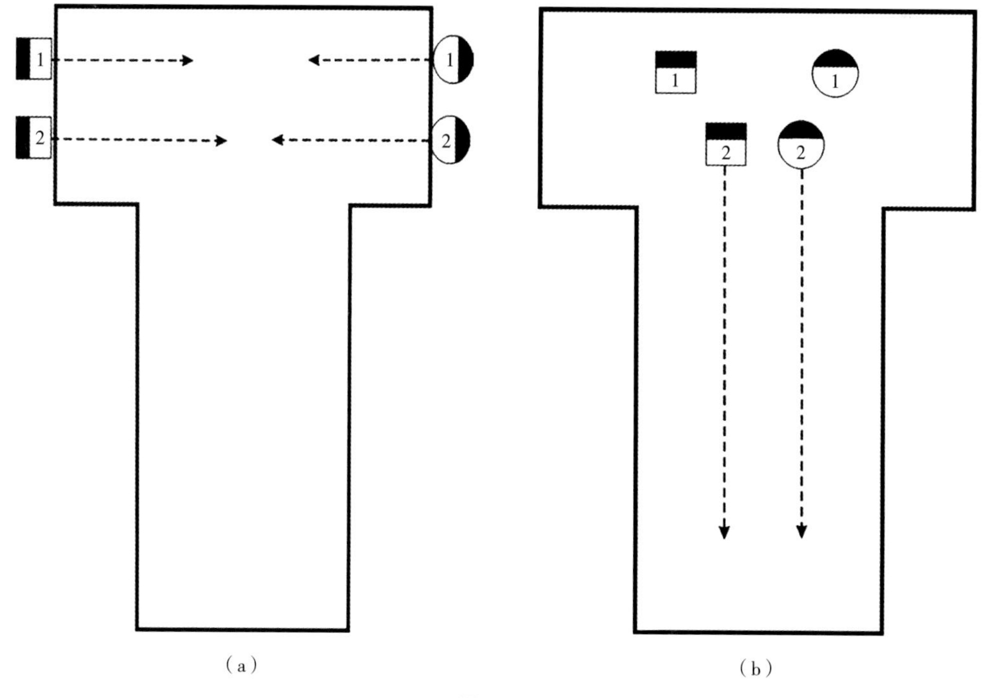

图6-25

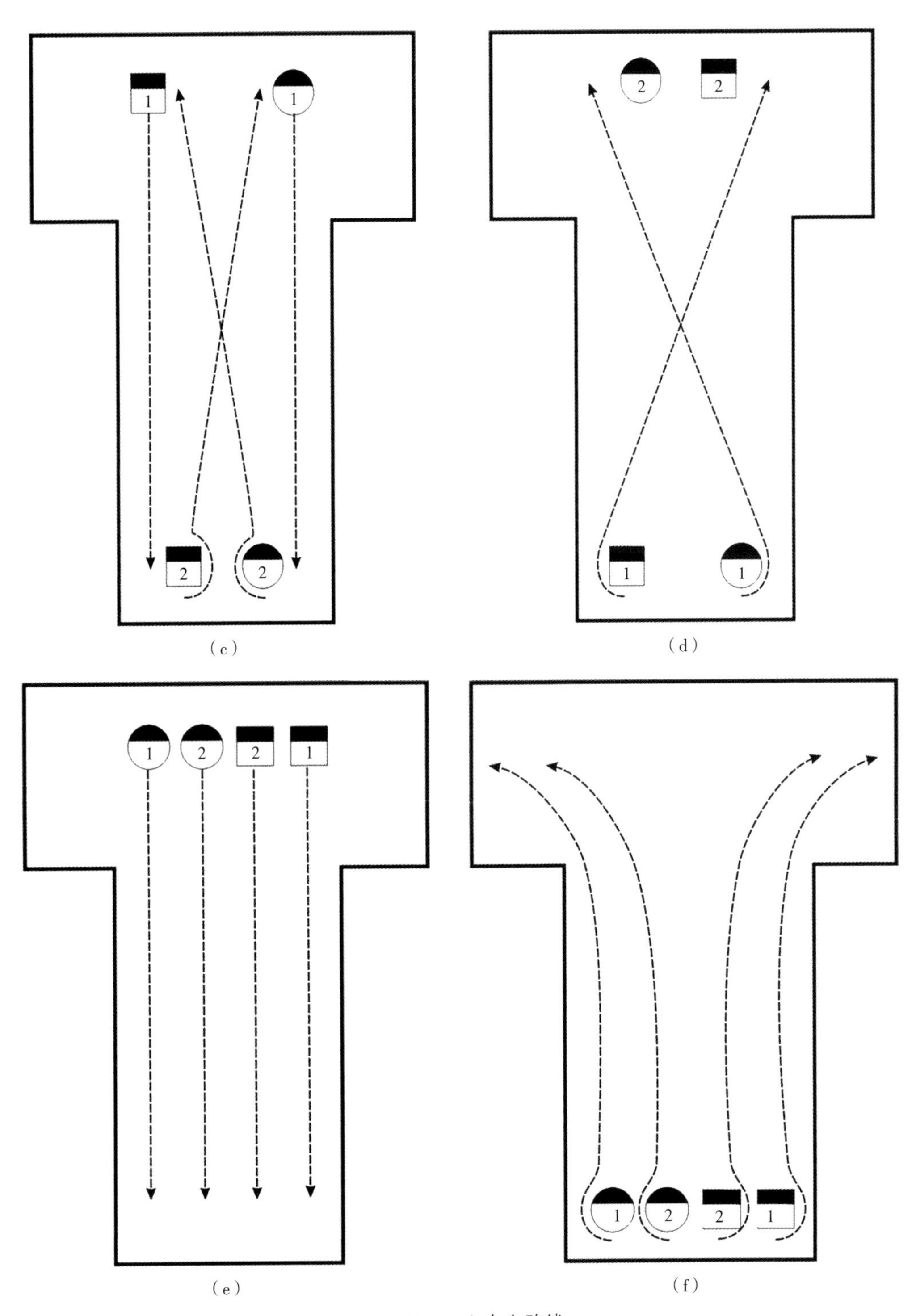

图6-25 四人走台路线

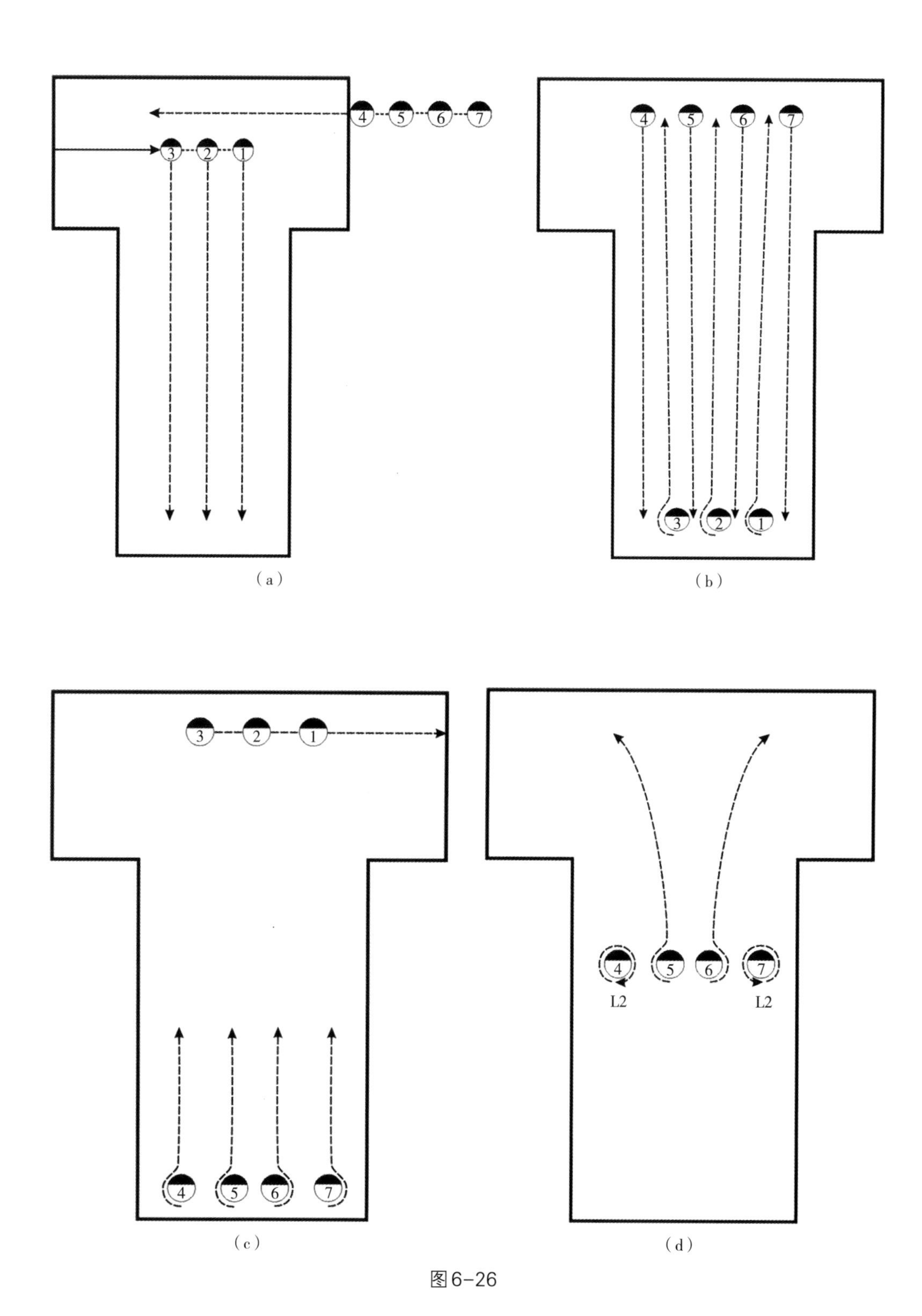

图6-26

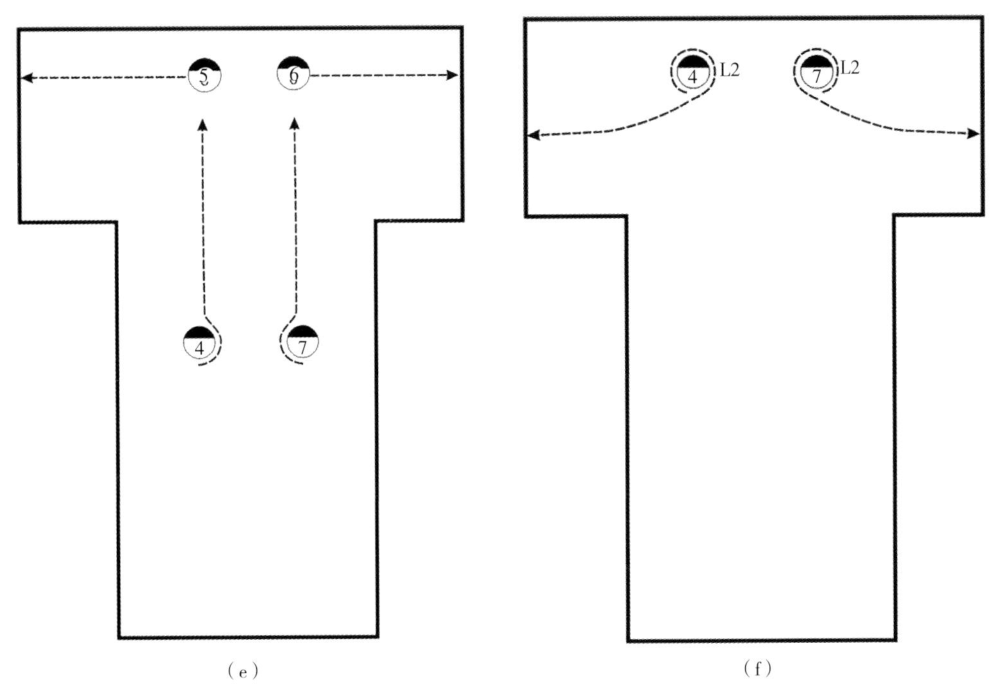

图6-26　七人走台路线

五、表演动作设计

在服装表演中，模特的表现力是第一位的。模特的表现力是指模特运用肢体语言来展示服装风采、特点的能力。它包含着模特的气质、风度及性格等特点。模特的表演动作与服装的风格和谐一致，达到模特与服装的整体统一，从而使服装这一没有思想的物体，通过模特表现出的精神风貌，渲染上感情色彩。所以，无论是模特个人的表演动作还是模特整体表演的造型构图，都应该以突出服装的内涵、款式和特点为目的，都应该以“为服装服务”为宗旨。

（一）模特个体表演动作的选择

在服装展示中，通过模特的表演，尤其是模特的造型动作与服装风格和谐一致时，可以达到模特与服装的整体统一。因此，模特表演动作的恰当与否直接影响表演的质量，服装表演编导应该在排练前做好必要的动作设计，并在排练过程中对每位模特的表演逐一检验。

模特的表演动作可根据服装类型选择。

1. 职业类服装

职业类服装多为正规套装，所以要求为模特设计造型时，也应该采用比较正规的、简单而大方的造型动作，表达职业类服装带给人的庄重、自信、典雅和坚韧。例如：中速的平脚步，丁字的不同角度的前脚虚步定位，上步或移步转身等（图6-27、图6-28）。

图6-27　2019埃沃定制新品发布会1

图6-28　2019埃沃定制新品发布会2

2. 休闲类服装

休闲类服装可以分为职业休闲装、运动休闲装、家居休闲装及青春活力装。

（1）职业休闲装。职业休闲装是人们在日常工作中穿着的比较舒适的服装。与西服类严谨而正规的套装相比，它多为单件或连衣类服装。因此，在表演时，可以选择与上述职业类服装相同的动作，而在面部表情上及动作的完成过程中稍将肌肉放松，给人以愉快、舒畅、忙中偷闲的感觉（图6-29、图6-30）。

图6-29　职业休闲装1

图6-30　职业休闲装2

（2）运动休闲装和家居休闲装。运动休闲装和家居休闲装则多为人们在假日轻松、愉快、悠闲的环境中的穿着，具有披、挂、悬、脱比较自如随意的特点。因此，在表演中，可充分利用转头、抬臂、叉腰及腿部造型等幅度较大的造型动作，表现出服装带给人自由、安逸、轻松、祥和的感觉。例如：较为轻松随意的步伐，分脚正步或小踏步的定位造型，退步或插步转身等（图6-31）。

（3）青春活力装。青春活力装多为青少年穿着的休闲运动类服装。在设计表演动作时应突出表现服装带给人纯洁、健康、朝气蓬勃的旺盛生命力（图6-32）。表演中，多采用轻快、敏捷、活泼、节奏感强的动作，并且采用较快的节奏。例如：轻松活泼的跑跳步、踮脚或勾脚步、前脚或后脚的虚步定位、上步或退步转身、平步转身等。

图6-31　运动休闲装和家居休闲装

图6-32　青春活力装

3. 内衣类服装

内衣类服装多为高胯、低胸、紧身的款式，目的是借助服装来表现人体的自然美。因此，在设计表演动作时，要自然、轻盈、洒脱，注重表现优美的人体。例如：中快速的踮脚或勾脚提胯步、回身大角度造型、上步转身等（图6-33）。

4. 民族特色服装

民族特色服装多是借鉴某个国家或民族的服饰特点而设计的，因此，在表演中，可以根据该民族特点设计表演动作，并可以借鉴该民族舞蹈的动作设计步伐或造型。

例如，在中国纺织非遗大会开幕秀中，绣起云裳部分的展示服装素材是从各民族地区的手工艺人手中搜集而来的，这些手工艺人大把的年华都倾注在一件件华美夺目的服饰及配件的制作上，他们用一针一线串联着岁月的磨痕。设计师们将这些“美好的碎片”通过与时代接轨的方式保存、传播并延续，让人文精髓和民族意蕴借此登上华丽的舞台，展现民族风情与岁月之美（图6-34）。

图6-33　内衣品牌发布会

图6-34　中国纺织非遗大会开幕秀主题“锦绣中华·七彩云裳”

图6-35 拉尔夫・鲁索2017秋冬高级定制发布会

5. 礼服类服装

礼服类服装以旗袍、晚装及婚纱类的长礼服为主，高雅华贵、成熟含蓄；造型要沉稳、轻柔而大方。例如，慢速的提胯画圈步，较为拘谨细腻的正、侧面前脚虚步造型，上步或四步转身等（图6-35）。

6. 概念类服装

概念类服装多为现代生活中无法穿戴的服饰，甚至有很多是各种非服装用面料制作的纯艺术性服装。这类服装有的是以历史朝代、典故、民族风情为创作源泉的文化性服装，还有的是通过对自然景物的夸张、变异，或对未来超前幻想的灵感性服装。模特在表演中可以使用较慢的台步及各种夸张的造型动作，注重静态的写意，突出服装的语言特色。汤姆・布朗（Thom Browne）于巴黎男装周发布的2017秋冬男装系列大玩面料图案和夸张剪裁，从秀场布置到模特妆容都是满满的沉郁哥特风，整个系列颇具实验性。酷似水袖的袖口设计、加长的裤装和下摆，在贴纸化的剪裁风格下为我们呈现了一个不对称的时装世界（图6-36）。

图6-36 巴黎秋冬男装
（设计师：汤姆・布朗）

（二）模特整体舞台造型的设计

为了加大表演的力度，更好地渲染气氛，常常需要有多个模特同时上台表演。这时，对于服装的表现，除了单个模特的造型外，还需要服装表演编导为台上全体模特设计舞台整体构图，以营造气氛浓郁、气势庞大的画面来对服装加以强调。这一构图是舞台的瞬间画面。舞台构图复杂的大型演出通常需要编导事先设计好再排练。整体造型构图一般在一组表演的开头或结束时运用。

舞台整体构图可以借鉴构成艺术中“形式美”法则进行设计。

1. 运用对称和平衡规律设计的舞台造型

对称是表现平衡的完美形式。它是人们生活中最为常见的构成形式。这种造型给人稳定、庄严的感觉，见图6-37（a）～（d）。

2. 运用重复和群化规律设计的舞台造型

运用重复和群化规律设计的舞台造型同样给人以井然有序的秩序美和整齐美，克服了对称造型给人带来的单调和古板的感觉，在秩序和整齐中又富有变化，见图6-38（a）～（d）。

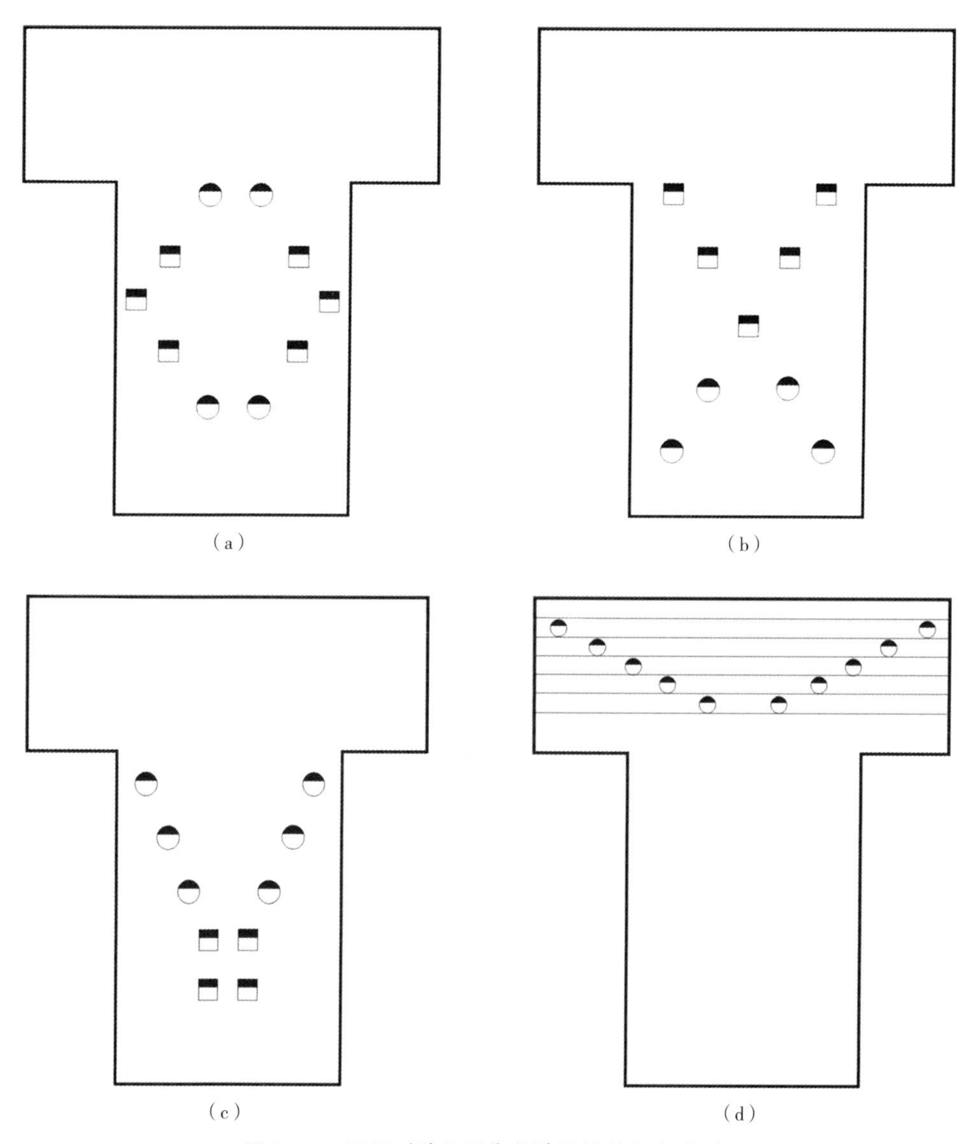

图6-37　运用对称和平衡规律设计的舞台造型

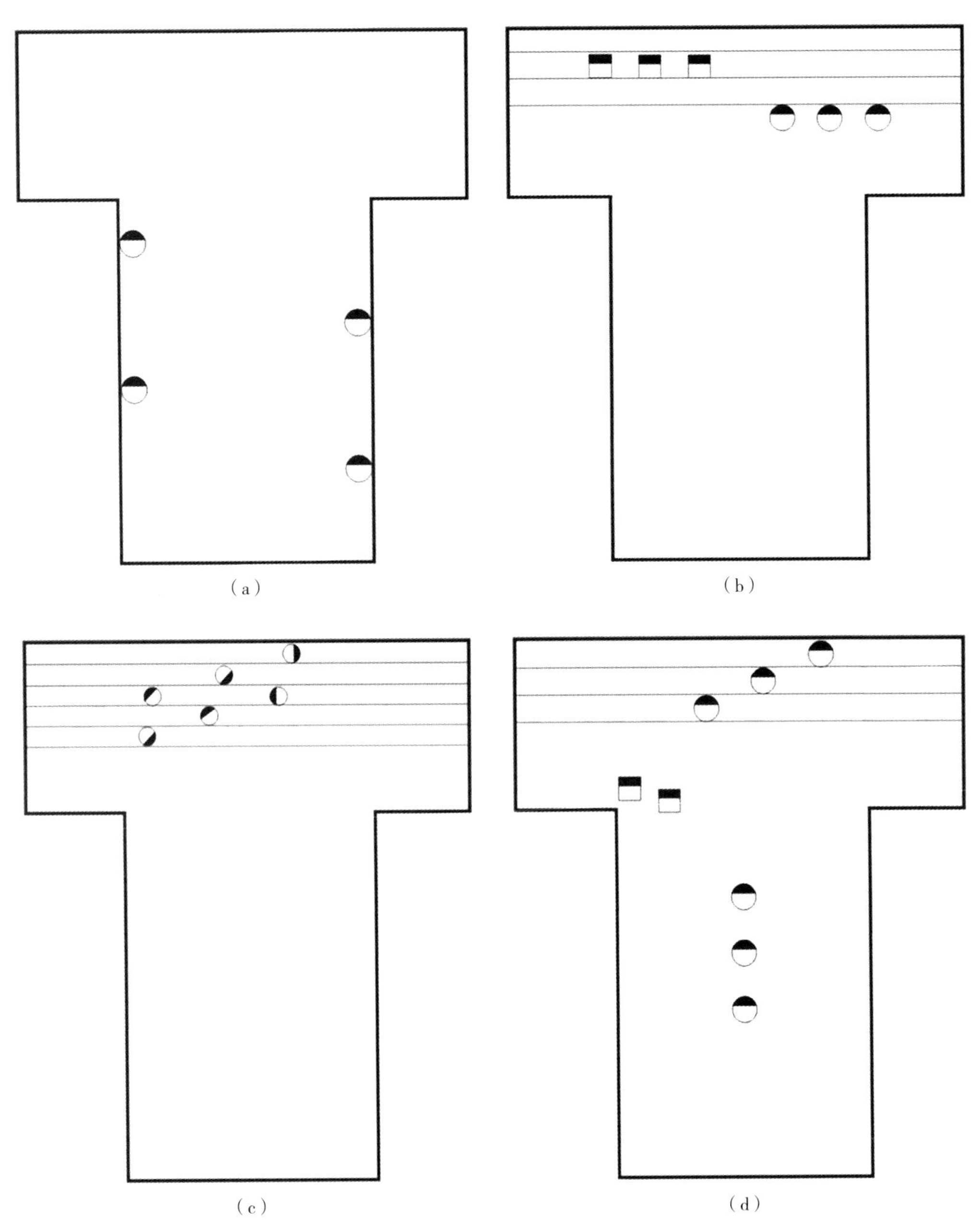

图6-38　运用重复和群化规律设计的舞台造型

3. 运用节奏和韵律规律设计的舞台造型

节奏和韵律是借用了音乐艺术的用语，其特点是在具有一定秩序美的同时呈现一种跃动的感觉，让人感受到其活力和魅力（图6-39）。

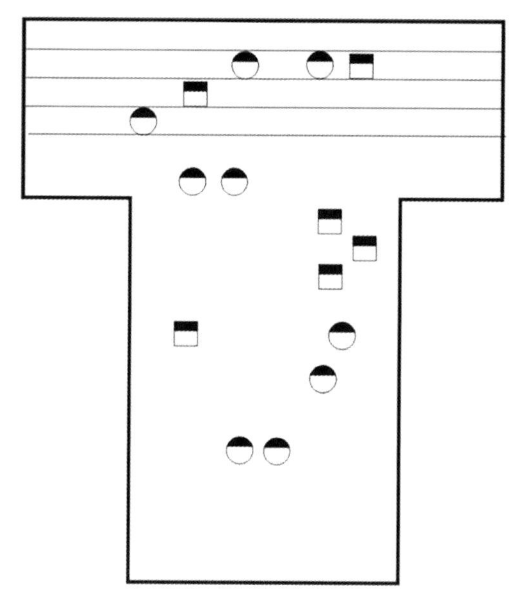

图6-39 运用节奏和韵律规律设计的舞台造型

4. 运用对比和变化规律设计的舞台造型

对比所产生的效果就是变化。适度的对比和变化会给人一种和谐一致的美感。如下面造型中运用男女模特形成直线与曲线的对比和变化，见图6-40（a）、（b）。

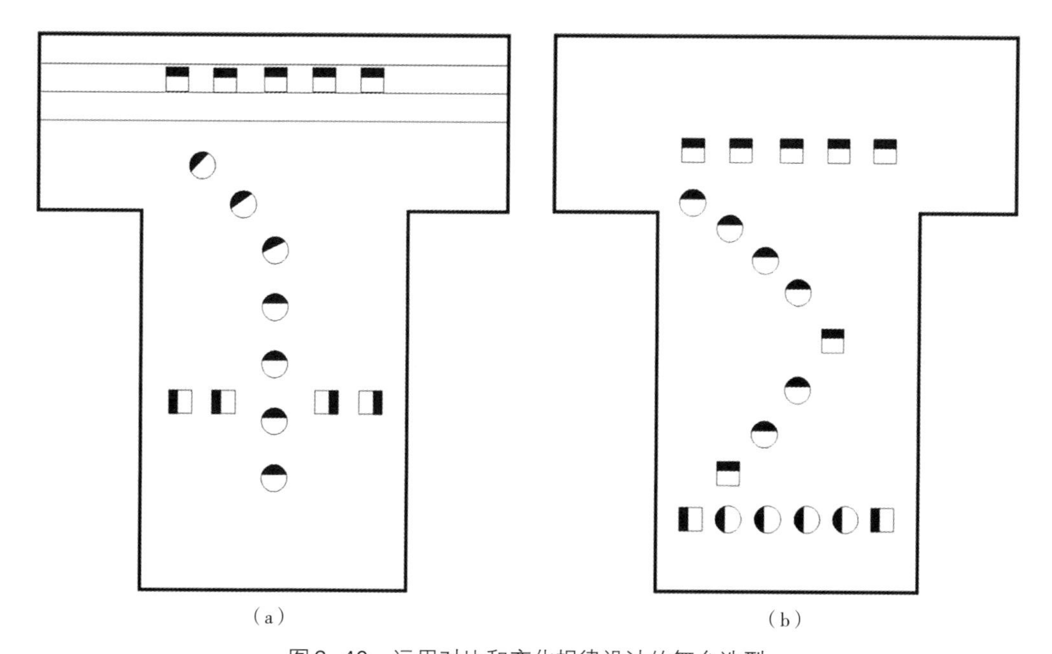

（a） （b）

图6-40 运用对比和变化规律设计的舞台造型

5. 运用调和与统一规律设计的舞台造型

运用调和与统一规律设计的舞台造型通过服装色彩、款式或风格的变化避免了单调和乏味，形成在统一中产生的和谐的美感（图6-41）。

6. 运用破规和变异规律设计的舞台造型

破规与变异反映出一种打破常规的美、创新的美。这种美带给人耳目一新的感觉（图6-42）。

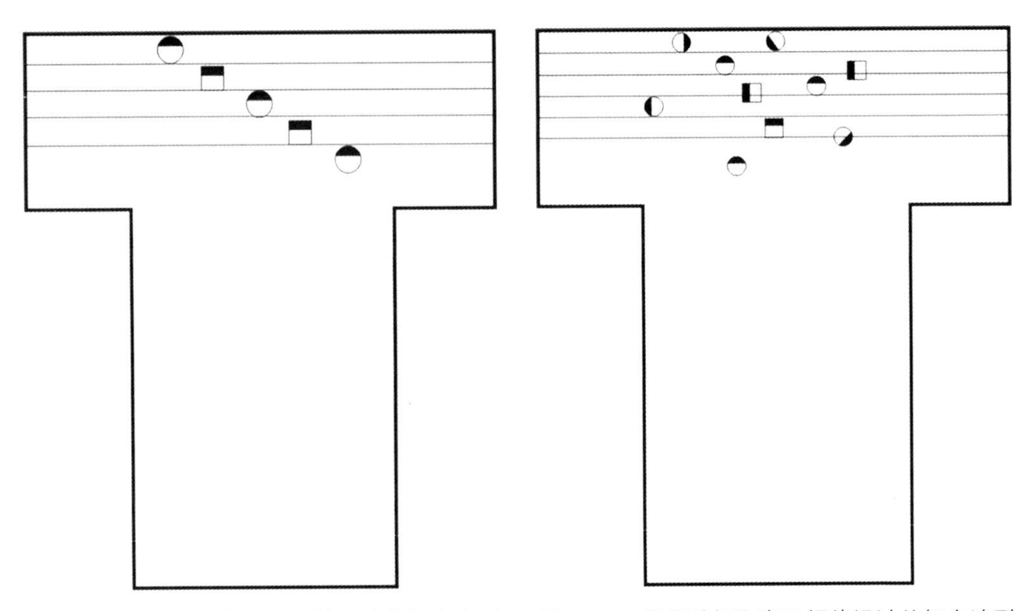

图6-41　运用调和与统一规律设计的舞台造型　　图6-42　运用破规和变异规律设计的舞台造型

思考题

1. 如何更好地选择模特？选择模特时需要遵循哪些原则？

2. 服装表演的舞台造型的设计要求具体有哪些？请举例说明。